产品设计与商业应用

霍治乾　著

汕头大学出版社

图书在版编目（CIP）数据

产品设计与商业应用 / 霍治乾著. -- 汕头：汕头
大学出版社, 2018.4
ISBN 978-7-5658-3583-4

Ⅰ. ①产… Ⅱ. ①霍… Ⅲ. ①产品设计 Ⅳ.
①TB472

中国版本图书馆 CIP 数据核字(2018)第 092173 号

产品设计与商业应用

CHANPIN SHEJI YU SHANGYE YINGYONG

著　　者：霍治乾
责任编辑：汪小珍
责任技编：黄东生
封面设计：霍治乾
出版发行：汕头大学出版社
　　　　　广东省汕头市大学路 243 号汕头大学校园内　　邮政编码：515063
电　　话：0754-82904613
印　　刷：廊坊市国彩印刷有限公司
开　　本：710mm×1000 mm　　1/16
印　　张：9.25
字　　数：140 千字
版　　次：2018 年 4 月第 1 版
印　　次：2019 年 3 月第 1 次印刷
定　　价：38.00 元
ISBN 978-7-5658-3583-4

前　言

随着时代变化，人与产品的关系变得越来越密切，人们对产品的要求也不仅仅停留在实现基本的功能上，更希望能够通过产品的造型、色彩、材质和使用方式等各种设计语言与产品进行交流，从而获得全新的情趣体验和心理满足，这也正是产品设计所追求的目标。目前产品设计已出现在人们身边，充斥着人们的生活。在渴望追求富有活力的生活情趣来激荡心中的生活热情的同时，人们更需要一种物质与精神相平衡的生存方式，产品设计正是以此为背景而产生的。产品设计是具有相对独立性的概念，并非仅作为产品附加值的内容而存在，其操作手段也不是在几乎已成型的状态上进行"添加"的方式，具有创新化、时代化，才能以一种全局性的思路贯穿于产品设计过程的始终。

设计的目的在于满足人自身的生理和心理需求，因而需求成为设计的原动力。需求不断推动设计向前发展，影响和制约产品设计的内容和方式。美国行为科学家马斯洛提出的需要层次论，提示了设计重要性的实质。马斯洛认为，人类需要从低到高分成五个层次：生理需要、安全需要、社会需要（归属与爱情）、尊敬需要和自我实现需要。这五个层次是逐级上升的，当下级的需要获得相对满足以后，上一级需要才会产生，再要求得到满足。对设计而言，从简单实用到除实用之外蕴含有精神层面因素的亲和性，所走的路正是这种层次上升理论的反映。产品设计在满足人类高级的精神需要、协调、平衡情感方面的作用是毋庸置疑的。因而设计的重要性因素的注入，绝非设计师的"心血来潮"，而是人类需要的特点对设计的内在要求。

因此，产品设计最终所体现的，必将是一种人文精神，是人与产品完美和谐的结合。产品设计使得产品将不再是身外之物，在产品设计的同时融入环保创新理念，这样才能使人类在产品设计的未来走得更加长远，从而成为时代潮流中不可缺少的一部分。

在编写过程中，我参阅了大量的相关专著及论文等，对相关文献的作者，在此表示谢忱。由于编写时间仓促，书中难免存在纰漏之处，敬请读者谅解。

目　录

第一章　产品设计概论

第一节　产品设计的概念

一、产品设计产生的两大因素

（一）人们对产品设计的内在需求

1.产品设计多样化

每个人都喜欢多样化，充满惊喜、充满创意性，以及独一无二的感觉。感觉过于踏实，便会有些无趣。所以在产品设计领域我们必须提升产品多样化功能还需具有多种多样的创意设计。在消费者看来，无止境的选择和改变几乎是理所当然的事，是当代消费者的心声。

2.产品设计语意化

同设计师的设计活动一样，消费者对产品造型的认知活动，建立在对造型要素的意义概念和情感概念理解的一致性的基础上，即设计师"编码"、消费者"解码"的过程。设计是不会让人目眩神迷的，但产品所能提供的价值与传达给消费者的感受，却变得十分重要。

当造型设计出现过多新的符号含义，那么就会因为信息量过大，而使消费者无法理解。反之，当产品的造型设计全是由人们的知觉定势所完全理解的符号构成，那么该形式设计的审美主体便会失去审美兴趣。

（二）产品设计发展的重要趋势

在产品发展早期，设计往往单纯强调产品功能性的实现而显得生涩，在消费者看来，产品只是作为一种纯粹物质性的东西而存在的，它们与人所面对的活动对象的关系最为亲近，而同人的关系却显得最为遥远。随着产品设计的外围条件及设计意识的不断发展，设计水准不断提升，设计充分实现了产品的实用性、使用性，且不再强化一种"纯粹物质性"的意义，而是立足于满足人精神世界的需求；产品特征可充分反射出消费者自身独特的品位与情趣感受，由此成为人们不可或缺的"亲密伙伴"，与消费者之间形成一种互相衬托、互相辉映的关系。

二、产品设计中的重要体现

（一）体现在产品的造型上

设计的本质和特性必须通过一定的造型而得以明确化、具体化、实体化。以往人们称设计为"造型设计"，虽然不是很科学和规范，但多少说明造型在设计中是引人注目之处。

作为用户所能感受的第一印象，产品的外观是否体现了创意以及亲和性是第一个直观环节。一个出色的产品设计一定是兼顾了美观和实用两个重要因素，既能为用户带来出色的视觉愉悦，又能保持便捷的操控体验，并且获得良好的使用感受。

（二）体现在产品的功能上

随着时代的变化，使得产品一再倡导其功能的明确性，使用的高效率，以及多样化、语意化、实用性的结合，予以人们更广阔的使用空间。如：装饰产品不仅仅是单一的艺术，它体现着人的灵魂和情操。装饰与装饰画似乎总是人们谈论的一体，有人说，房子装修得再好，它也离不开装饰品、装饰画这些艺术品。艺术有时不会很清晰，也不会很具体地去表达什么。就像人听到音乐，每个人听到的是一样的音乐，但脑海里的一定不是同一场景。随着人们生活水平的提高，人们追求的不再是安乐的生活及单一的生活情趣，而是会想尽一切方式去改善和提高自己的生活环境和生活质量。

在当代社会中产品设计不应仅仅表现为拟人化的外形，柔和的色彩，也不仅仅体现为一种特有的功能实现，它更应该满足社会需求和人们的消费观，从而将产品的功能与造型结合在一起，传达给使用者，真正满足时代所需。它最终所体现的，必将是一种人文精神，是人与产品完美和谐的结合。这样产品将不再是身外之物，在产品设计同时融入环保创新理念，这样才能使人类在产品设计的未来发展走得更加长远，从而成为时代特征中不可缺少的一部分。

三、产品设计的深度认识

设计是一门综合性极强的学科，它涉及社会、文化、经济、市场、科技等诸多方面的因素。设计在很大程度上是既具艺术性，又有经济性的一种实用的艺术形态。

经济，一般可以从两方面来理解，一为节省原则，一为物质资料生产运作和发展的体系。微观经济学重点分析这个体系的供给与需求、市场与价格、投资与利润、生产与技术、政府、信息、消费等基本课题。发展经济学重点分析这个体系的经济增长动力、模式、资源、生产、贸易和政府指导等基本课题。

设计界所推崇的设计是为明天的生产而准备的造型计划。经济的核心是物质资料的生产，而设计的价值又主要在于经济。这就是说，经济和设计之间存在着天然而内在的联系。经济所指的节省原则和物质资料生产运作和发展的体系这两个方面都与设计存在着密切的关系。

设计作为生产准备工作的重要组成部分，在一定意义上说，应该为大批量和大规模的生产服务。设计的成果如果不能投入生产，只能算是一种设计师的游戏。而设计的成果实质上是一种造型计划。往往以设计图、工程图、模型和实物样板或者工程样板出现。在图形的后面，则是一些数据、符号，如尺度、强度、硬度、光洁度、光照度，包括工程概算、预算、成本控制、利润预计，等等。这些实际涵盖了四个方面的内容：一是微观经济学的；二是发展经济学的；三是工程技术的；四是文化艺术的。

无论是经济还是设计，作为个体来说，本身就有着深奥的学问，而要从经济的角度去认识设计，从设计的角度去看经济，则更是一个复杂的体系。我们通过分析设计与经济的天然而内在的联系，以此来说明设计对于经济的意义。

首先，从设计与生产方面来看，生产是经济的核心，是把自然的人力和物力转化成社会必需的物质资料的关键环节。如果说经济是基础，那么生产就是这个基础的基础。

设计是先于生产的，是商品生产链条上的第一环。在现代设计没有发生以前，设计与生产在多数情况下并没有分开，在一般情况下，设计与生产乃至消费集于一身，手工业生产的工人们往往既是设计师，又是工人。只有在皇宫、庙宇、教堂、陵墓、道路和桥梁一类的大工程中，设计才和生产分开。设计先走一步，生产以设计为依据，统一指挥不同工程的工人有条不紊地进行施工。工业革命以后，随着生产方式的变化，设计在大批量生产的企业中从生产线上分离出来，但作为生产结构第一环的概念从来没有动摇过。

设计与生产分离，无论是对设计环节，还是对生产环节，都是一种便利，或者说是进步。正是这种便利或进步，才促进了二者的快速和更好的发展。然而，这中间也经历了一个过程。这个过程就是在工业革命发生以后的一定历史时期，因为设计和生产分离的关系没有处理好，人们对于设计什么、为什么设计、怎样设计等诸多问题，或没有引起注意，或没有找到解决的办法，因而，设计和产品生产相脱离，一方面，设计师在形式风格设计面前无所适从；另一方面，为满足机械化生产的需要，设计者的创意思维受到限制。正因为如此，工业革命以后很长一段时期，其产品以缺少必要装饰和造型丑陋而著称，没有受到消费者的认同，甚至在当时设计界存在要不要回到手工艺生产时代的设计方式去的争论。争论的结果，终于引发了现代设计的开始。

设计从生产线上分离出来以后，一部分仍留在企业，一部分走上社会，但仍然面向企业，为企业的生产作设计，靠生产转化设计成果，以生产的需要为生计，以生产为自己的价值体现。这种情况随着社会经济的发展，在现代设计史上表现愈益突出，特别是那些知名企业、品牌产品。总之，设计需要生产是生存性的、价值性的和成就性的。

经济水平的高低制约着消费的水平，我们并不倡导设计只为"贵族"服务，但我们不得不承认，追求美的更多的是"贵族"，他们审视美的存在，重视美的空间，知道如何享受生活，如何制造快乐。以他们为定位，能体现现代设计的新时尚，追赶时代的新步伐，与国际接轨，向世界看齐。这样的设计不止带动一个企业的发展，国家与民族的经济也会长足发展。

设计的高定位不是把生活水平较低的群体抛弃，毕竟贫苦的劳动人民还是占了大多数。设计也要掌握这一群体的需求，忽视不得。由于这一群体人数众多，审美观相对较低，要求的设计相对粗糙，设计要向着大批量化发展，以便满足需求。整个民族的设计理念要想整体提升，必须要以高定位的设计为龙头，高精的设计理念为指导，把高消费群体作为设计定位的主要方向。低消费群体需要不断地带动，一步一步提高产品中美的价值，进而提高审美。

这样设计才有可能为更多的人接受，创造更多的经济价值。经济价值创造出来了，人们的生活水平提高了，要求的设计也随之提高，设计便走向高层化。

我们这个高度文明的社会里，设计已经作为一门学问和一种文化出现在我们周围。设计的出现本身就代表一种文明的进步与飞跃。尤其是在现实的社会中，这种表现更为明显。而经济又是我们得以发展的制约因素，所以经济的发展状况影响到整个国家的正常发展与生活，但是设计的本身就等于经济进步加高度文明。所以经济的发展直接制约着设计的进步。因此，只有人民的生活水平提高了，反过来才能影响设计的发展。

总体来说，设计和经济虽然具有内在的关联，但是，所有的设计并不一定非要和经济挂钩。因为设计作为一门艺术，是一种文化，但这门艺术、这种文化是要建立在历史的臂膀上，是时间让它得以发芽、开花，直到新的一代降临。这就是一个文明的结束，又是一个新生命的开始。这也是设计与文明的关系。而一个社会经济的发展同样也会制约着设计的发展和文明的进步。但是在我们现在的社会中，设计被制作成大批量生产的产品出售，成为产品设计，也就是工业设计，成了一个用来换钱的工具，可以说，一个好的产品设计就等于经济利益加顾客信誉。这种关系会一直延续下去，直到一个新的文明的开始。所以说，一个好的设计会影响到经济，同时经济的发达程度会直接制约着设计。商家们之所以重视设计，是因为他们需要通过设计，来获得外形的不断创新、结构的不断完善、用途的不断扩展，而提升商品的购买率，达到其经济目的。设计者们之所以从事设计，是因为他们需要通过设计，来使得大众购买到更称心的产品，商家获得更丰厚的利润，自己也得到更多的经济资本与社会价值。

设计与经济的关系是密切而又简单的。设计不可能脱离经济，而经济也不可能离开设计。如果说设计是经济的翅膀，那么经济便是设计的足。简单来说，就好像一只鸟儿，要想飞翔便离不开翅膀，没有翅膀的鸟儿只有在地下跑的份；而鸟儿没有足同样是可悲的，试想一只只能飞而不能下地歇息的鸟儿会多么辛苦，最后只有累死的份。

随着世界经济一体化的加快，设计成了任何有形产品和无形产品营销的重要手段之一，成了树立企业形象的标志。研究市场变化下的消费者与生产营销商之间的互动关系，以"最经济的设计之产品"来为生产营销商赢得最大利润和提高产品的市场占有率，以消费群体公认的且生产商能够满足的"美"来赢得消费者的芳心，是任何一个生产营销商的追求。

设计本身是应用性的，设计不一定是艺术。艺术是艺术家审美理想的物态化，它可以是艺术家个人审美情趣的个性表达，而设计并不是完拟艺术的本身，经济性是其首先要表达的含义。从哲学上讲，艺术家可以以我为本，可以自己创造个人的唯心世界，不必考虑客观世界的他物或他人的情趣。而设计必须以唯物主义哲学为指导分析客观世界，服务真实世界。艺术领域希望有梵高这样的艺术家存在，但对于设计界绝对不欢迎梵高似的艺术设计家。在经济之中，艺术设计不再是艺术贵族世家的子弟，它已是一个工业大生产无产者。总之，设计是不可能脱离经济的，而经济也不可能离开设计，这是恒久不变的真理。

第二节 产品设计概述

对于任何产品的设计，功能应该放在首位，但功能又只是设计师要给人们带来的唯一好处，好的产品设计师应该把功能与造型完美地结合在一起，同时满足人们对产品功能和形式美的需求。

一、产品设计研究的意义和研究现状分析

对于新时代的产品设计，我们需要考虑创新性、文化性、实用性、环保性，等等，我们对新异的追求是永无止步，融入文化内涵的东西才会更持久，功能比普通产品更能满足消费者需求，同时注重绿色环保这样的产品才会有广阔的销售市场，被人们所记住。这也是作为工业设计师应该努力的方向。

所以，本次工业产品设计研究的主题是扩容箱包系列设计，功能上，扩容会成为最大的卖点；造型上，运用箱包设计中的仿生设计方法，对箱包造型做抽象曲线的变形；选材上，优先选用符合工程技术的新型环保材料，把现代高科技物质技术条件与传统工艺相结合。

功能上，目前国内外对拉杆箱扩容的处理，多存在增加夹层等手段，我采用内附外加子箱包，并合理的布置搭挂在主箱上部或前部，这种方法尚属首例。这是为了满足不少人们在出行的时候携带了满箱行李，旅途归来的时候难免会有亲友赠送或者购买其他物品，这些物品只能外加手提袋装载，提起来大包小包非常不便。通过增加可以内附便携袋，需要时拿出装满物品搭置在主箱合理部位，可以空出手来做其他事宜，特别是对一些爱购物的女性群体，因此该系列箱包的主要人群在 18～30 岁之间青春活力的女性。

造型上，目前市场上会有造型的变化，但多以长方体，椭圆体为主，部分儿童类箱包会以可爱的动物为原型做仿生设计。我的设计准备对形体做曲线处理，一改逃不出的方圆造型，灵感来源于维纳斯断臂的躯干。自然界中有很多生物形体优美，被设计师广泛运用到产品设计中，人体之美更是自然界中的至美，把女性人体躯干做高度概括抽象的提炼，完成对箱体的优美曲线的处理，更加吸引消费者。

目前国内市场对箱包的设计主要以基本的方圆或个别的动物仿生造型设计为主，功能上比较单一，用材用料以为了适应工业生产为主，造型上还不够多元化，有子母箱包的系列设计，但没有很好地结合。我的设计会对以上问题加以改进，运用人体优美的造型，高度概括的抽象感与箱体合理的造型，增加挂置功能，把一个系列箱包紧密联系起来，使其成为一个整体，把被遗忘的一些传统工艺与现代技术相结合，做好这个系列箱包产品，努力改变以往人们对箱包的概念，从而改变细小的生活方式。

二、研究目标、研究内容和拟解决的关键问题

研究目标：通过对箱包设计相关书籍和目前市场的调查研究，创作一系列以人体为主题的扩容箱包，合理地选用抽象的造型和色彩，满足消费者的各项需求，进而获得产品良好的销量。

研究内容：目前我国扩容箱包的现状，功能、造型、色彩等，消费者的需求，箱包的发展趋势，制作工艺等。

通过市场调查发现，多数拉杆箱品牌商在对箱体容量进行扩充时，常采用拉链加设加厚层做法，但是这种方法不能用在目前广泛采用 ABS 等硬质材料的箱体上，这就使硬质箱体的容积受到很大的限制。因而市场上又出现了子母箱体的设计，增加了女士的类似化妆包一样的手提包，做成一个系列，但是这种子母系列只在造型色彩上做了统一，结构上并没有十分紧密的联系，所以新的设计方案把子母箱包进行深化，使子箱包可以挂置在拉杆箱主体结构上。挂置有两种做法：其一，将子箱包一侧设计夹层，宽度稍微大于拉杆宽度，使其可以挂在拉杆上；其二，在子箱包一侧偏上部位加置挂钩，箱体上设计挂环，可以挂在一起。两种做法都要注意受力特点和造型美的要求。

造型服从功能，这也是本方案所遵循的形式美法则。造型上主要根据所附加的新功能做变化，其次为了改变以往死板的造型，融入新的元素做抽象化的概念设计。目前市场上有些箱包设计，有一些简单的造型变化，但是调查研究发现，有很多造型是纯粹为了造型而造型，属于不符合结构特点的造型。这种造型不仅浪费了材料，更增加了箱体重量，可谓画蛇添足。所以本方案的造型完全按照服从功能的要求去做，适当加入符合人体

工学和美学的造型以吸引用户。加入抽象的人体局部造型，使造型抽象、大气、浑然天成。

色彩上采用清新活力的色系，比如采用柠檬黄、苹果绿、西瓜红等色彩来吸引 18～30 岁年轻活力的女性群体，色彩不仅对人的生理有天然的刺激作用，对人们的心理作用更大。 不同的群体会有各自喜爱的色彩系列，采用这些清新活力的色彩适合了年轻女性的审美需求，展示了她们的青春活力，可以大大提高产品的销量。

购物是每个人的天性，从原始社会起，当人们得到了想要的东西就会心情愉悦，在当今社会就表现在购物的喜悦感上了。所以当拉起行李箱远出旅行的时候，在异地难免会看到自己心仪的东西，每次旅行归来，谁不想满载而归？这种心理对于年轻女性更为突出，所以增加外置子箱包，旅行前行李较少可以折叠起放在箱子里，回程时可以装满挂置箱体上。

最后要考虑的就是为了达到功能造型所需的物质技术条件，即产品制作工艺，采用新型的材料成型工艺，并结合传统箱包加工方法，做出传统与时尚相结合的产品。

解决的关键问题：合理附加拉杆箱新的功能，创作优美造型。

三、拟采取的研究方法、技术路线、实验方案及可行性分析

研究方法：观察法、调查研究法、实验等；技术路线：首先，整理相关材料，在保证符合箱包结构构造的基础之上（保证物体的某个部位仿生、放大，便于增加内部空间，附加外部构件），将人体造型与箱包造型相结合，并绘制草图；其次，运用三维虚拟技术在电脑中绘制三维效果图并调试颜色的搭配；第三，运用三维成形机制作最终的形体，并合理组合；实验方案：目的，通过实验制作完成扩容系列箱包（加入抽象人体造型美），赋予箱包新的功能，增加可调节运载量的箱包系列，根据功能的需要设计合理的造型，满足人们对审美的要求，这也是设计应该做的工作；对象，拉杆箱，人体造型，便携袋，把旅途中的便携袋合理地与拉杆箱结合在一起，并赋予其优美的人体抽象化造型；方法，手绘、3D 技术、三维成形技术，前期运用手绘方法快速将自己的各种想法画在纸上，不断改进，优中选优，并运用 3D 软件对预期效果做模拟展现；手段，实践手段，通过实际测量、绘图、制作，最终

完成预期作品，把手绘和 3D 模型效果根据箱包生产的步骤，打样、开模、成型等做出实物；成果表现形式，做出一系列实物，并不断改进功能造型色彩和生产工艺，使产品成为满足消费者适销对路的商品；可行性分析：本次研究需要查阅大量关于扩容系列箱包设计、人体美学、箱包设计及制作工艺等的资料；在制作过程中需要一台配置很好的电脑、三维成形机等；需要熟练地掌握 3D 技能和手绘技法。

第三节 产品设计内涵和外延

当今时代,工业设计专业已经成为中国高等教育众多专业中的热门专业之一。2011 年以前,工业设计专业在我国高校主要分为工科和艺术类两类招生。艺术类的工业设计在 2011 年艺术学成为独立学科门类后改称产品设计专业,工科的工业设计专业则依然延续原专业名称。这样一来,从专业名称上确定了工科与艺术类工业设计专业的区别,有利于更好地发展我国工业设计教育事业。但是我们必须清晰地认识到,对于艺术类工业设计专业改称为产品设计专业,不能因为专业名称的改变而否定其工业设计教育的性质。同时,对于产品设计专业与工业设计专业的区别我们也应该进一步明确,以便能分别根据艺术类和工科学生的不同特点,建构既能体现工业设计教育共性又有鲜明学科特色的产品设计和工业设计专业教育体系。这是在艺术类学科独立并下设设计学等五个一级学科这一大的背景下,关于工业设计教育的一项必要且重要的研究工作,明晰产品设计专业研究对象的内涵和外延正是这一研究的重要组成部分。任何一项研究,都有具体的研究对象,产品设计当然也不例外。

一、我国工业设计专业的发展历程及其与产品设计专业的渊源和关系

产品设计专业是在原来艺术类工业设计专业的基础上发展而来,其研究对象的内涵和外延首先要考虑到其工业设计专业教育的性质。我国高校发展工业设计专业肇始于江南大学的前身无锡轻工业学院在其 20 世纪 60 年代创建的中国第一个工业设计类专业"轻工日用品造型美术设计专业",属于艺术类专业。1986 年,无锡轻工业学院工业设计系首次招收"理工类"生源学生,并在全国率先形成"艺工结合"的教学体系。从此以后,工业设计专业逐渐形成了理工类工业设计专业与招收艺术类工业设计专业并行的局面,本科毕业生分别授予工学学士和文学学士学位。2011 年,教育部新修订的《学位授予和人才培养学科目录(2011 年)》中,艺术学成为独立学科门类,下设设计学等五个一级学科。设计学下属的产品设计专业二级学科,也就是原

来设计艺术类的工业设计专业授予艺术学学位。工科工业设计专业则依然作为工学学科门类机械设计所属专业，授予工学学位。这样一来，明确产品设计专业与工业设计专业彼此的区别和共性成为一个亟待解决的问题，研究对象的内涵和外延当然是解决此问题的关键所在。

二、基于产品设计专业的学科传承和当前的学科属性，探讨产品设计专业研究对象的内涵

从学科渊源看，产品设计专业的研究对象应该与工业设计专业，尤其是艺术类工业设计专业的研究对象一脉相承，与工科的工业设计专业应该有一定的差异性。工业设计是现代化大生产的产物，研究的是现代工业产品，满足现代社会的需求。当今时代，随着工业设计的不断发展完善，其研究对象已经不局限于工业产品，而是拓展为工业产品以及由产品组成的"人—机—环境"系统。该系统既要满足人们对产品的物质功能要求，又要满足人们审美情趣的需要。因此，工业设计是人类科学、艺术、经济、社会各学科有机统一的创造性活动。在产品设计专业正式命名之前，艺术类和工科的工业设计区别不是很大，所以研究对象基本一致，也是从单一的工业产品研究演变为工业产品以及由产品组成的"人—机—环境"系统的。2011 年以后，设计学已经升级为一级学科，并下属艺术设计学、产品设计等八个二级学科。产品设计在设计学所下属的二级学科中，其跨学科边缘交叉的属性最为突出，能很大程度上反映设计学学科工学与艺术学、科技与人文融合的特点。因此，其研究对象在传承原有工业设计专业特点的基础上应该体现出鲜明的设计学专业特色。以中国工业设计教育的开创者江南大学为实例，其产品设计专业由原艺术类工业设计专业调整而来，主干学科是设计学，包括产品设计方法学、人机工程学、材料与工艺学等课程，研究对象的内涵主要是各类轻工电子产品、生活用品的改良与创新设计、产品人机交互设计等企业的产品研发和设计。

三、基于当今时代发展背景以及产品设计专业的现状及未来趋势，探讨产品设计专业研究对象的外延

产品设计是一门典型的交叉学科，涉及科学、艺术和经济等多个领域。按

照传统定义，工业设计尤其是产品设计可以理解为以工学、美学等为基础对工业产品进行设计。这个工业产品主要指现代化批量生产的工业产品，是产品设计的主要研究对象，家电产品、交通工具当然都属于这个范畴。自 20 世纪 60 年代人类开始步入信息时代以来，计算机等信息产业的相关产品也成为工业设计的重要研究对象。直到信息时代的今天，尽管现代工业和信息技术日新月异，但批量化制造的工业产品依然是产品设计专业的主要研究对象。然而，工业产品的传统内容已经不能涵盖当今时代产品设计的所有研究对象了。因此，我们应该顺应时代的发展要求，拓展和不断完善产品设计研究对象的外延。当今时代，用户交互界面设计、信息艺术设计、服务设计等早已突破了原有工业产品概念的束缚，成为产品设计专业的重要研究对象。再者，产品设计与市场营销等商学知识密切交融，产品的策划也成为产品设计的重要内容。例如，"统一老坛酸菜面"这一产品的市场热销就离不开统一企业创新团队的产品策划与创新，这也应该纳入产品设计的研究范畴；信息作为产品设计的研究对象，催生了信息设计这一新兴研究方向，信息设计是基于信息技术与文化的专门领域、是艺术设计在信息时代的新发展，是信息领域的产品设计；服务也成为产品设计重要的研究对象，形成了服务设计的研究方向。服务设计是关于如何有效地计划和组织服务中所涉及的人、物、设施、时间、交流方式以及情绪等相关因素，从而提高客户体验和服务品质的设计活动。

对于产品设计专业的建设来说，我们应该既要基于产品设计专业的学科传承和专业属性，保持并完善传统研究对象的内涵，同时，又应该顺应信息时代背景需求不断拓展研究对象的外延到产品策划、信息设计与服务设计等领域。

四、产品设计中的隐喻

在当今信息社会，人们的情感需求日益多元化，不同的文化背景撞击融合在一起，信息每天爆发式涌现。隐喻作为一种思想和情感的表达方式，在产品设计中就成为一种重要的手段，为产品增加新的价值。我们探究的产品设计中隐喻的多元使用现象，阐述隐喻在设计中的思想情感表达作用。设计师通过隐喻设计，带给人们一种艺术性的生活交流和愉悦的情感体验。

隐喻属于语言修辞学范畴，本意是用一个事物来理解和体验另一个事物。在语言修辞中，它根据相似性原则用一个词语来代表，可以通过想象或推理的方式联想到另一个词语。如古人用梅、兰、竹、菊来比喻君子，就是隐喻的手法。事实上隐喻不仅是一种简单的修辞手段，还是文化的一部分，是人类思想的重要表现方式，是人类文化积淀的体现。人的思维大体也是隐喻性质。隐喻利用的是人们的认知，这种认知来自人们的心理、文化和生活等方面。从这种意义上说，隐喻本身就是一种文化的行为。

因此，隐喻具有相当大的主观因素，在产品设计中与隐喻产生的联系常常带有个人想象、民族文化、社会价值等方面因素。所以设计者在使用隐喻这一设计方式时，需要考虑使用者的背景，以保证其能正确获取设计者所要传达的含义和感受。

（一）隐喻在语言中的运用及其作用

由大师阿尔瓦·阿尔托设计的"甘蓝叶"花瓶，代表芬兰在 1937 年参加巴黎博览会展出，如今已有 70 多年的历史。这个有很多曲面的优美形状以及透明的玻璃材质，能指是湖泊，所指则代表多湖的芬兰，而隐喻则存在于所指的第二级中，也就是泽国芬兰的美丽环境，芬兰设计的自然美学。这个流动形态的符号深深抓住了芬兰人民的共同认知，已经成为代表芬兰的经典符号，出现在芬兰人生活中的每一个角落，在芬兰服装，家具，厨具，甚至饼干的模具都可以看到它的身影。

不难看出产品设计中的隐喻表现形式就是提取出与主题相关的符号元素，引起具有共同认知的用户的情感共鸣。隐喻所指和能指之间关系的建立，一靠相似性，二靠联想，二者缺一不可。前者是基础，是客观条件；后者更多地基于主观，它使隐喻区别于一般的类比而富有创造性。一个好的隐喻往往是主客观的完美统一。这种隐喻的元素的表现形式是多种多样的，可以从产品的材质、结构、颜色、文化甚至使用行为等多方面表现。

（二）隐喻所指的符号学

有一款叫作《徽·套几》的家具设计，从形态上看，套几两侧的尖角和下面对应的凹槽，对应了徽派建筑中马头墙的形态。马头墙是徽派建筑的重要特色之一，它不但有防火的功能，使建筑本身错落有致，有一种动态的美感。这种错落感也从套几巧妙的嵌套组合中体现出来。从色彩上看，墨黑与几下空白恰好表现了徽派建筑粉墙黛瓦的色彩美学。套几的设计从结构和色彩上都使用了徽派建筑风格的符号，重重叠叠，光影结合，使人恍惚间看见那个遥远的小城，而这种细腻的感悟相信了解过徽派建筑的人能够更加深切地感受到。从中我们可以看出，隐喻在产品设计中有三个层次：相似性，互动性和认知性。好的隐喻设计使得产品变得简洁，使设计理念变得形象，与使用者产生共鸣。

隐喻的手法大体可以分为：写实和写意。写实是通过结构，材质，色彩等方面的符号抽象，表现出所暗示某种事物的特征。前面所介绍的大师阿尔瓦·阿尔托设计的"甘蓝叶"花瓶，借由湖泊的形象，代表丰泽的芬兰。写意则是由产品的形象和使用方式传递产品所要表达的意象、文化内涵、心理和价值观等较高层次的信息。比如"半木"品牌的提月香插和八音盒。香插镂空的圆形，形似圆月，香的袅袅青烟，环绕其中，给人无限遐想。手提"圆月"，无论在客厅、卧房还是室外花园，淡香如影随形，给人一种古朴典雅、宁静的感觉。而这个八音盒自然光滑的圆孔形似泉眼，木纹的弯曲、旋转，使得表现出水流动的动感，让人仿佛听到了泉水叮咚，泛起层层涟漪，衬托出音乐的优美、灵动。

（三）写行

通过人类故有经验而引导用户对产品的使用，从而获得一种新的情感认知体验。比如日本著名产品设计师深泽直人设计的 CD 播放器。这款酷似排气扇的播放器，开关是一条拉绳。这个设计就是抓住用户的记忆经验——我们喜欢重复地拉动拉绳，让电灯不断地开闭。而当我们拉下拉绳时，音乐随着旋转流出，唤醒了我们美好的情感。

隐喻使得产品的意义不单停留在功能价值，还赋予产品生动的情感价值。对于现今的设计而言，设计者不能只简单地考虑产品物质形态，更重要的还是关注人的精神生活、文化修养以及心理活动等。隐喻方法引入到设计中可以帮助设计师很好的把自己的创意构思和感觉表达出来，使得大多数消费者也能很好地理解设计者通过产品所要传达的思想内涵。在设计过程中，设计师通过隐喻手法，赋予作品符号、形态、色彩、图像、意义等非文字语言表现内涵，增加设计作品的自我表达，让更多的人能够了解设计者的用意达到一种与消费者互动的表达形式，这需要设计者更好地把握产品的属性和用户的属性。

第四节　产品设计方法

一、产品设计构思方法

对于一个初学产品设计专业的人来讲，在学习设计的过程中应当遵循先知其然，再知其所以然的道路。产品设计是创造性行为，其目的是满足人的需求，更好地为人类服务，解决"设计什么"和"如何设计"是产品设计要直面的问题。因此，研究产品设计的构思方法对培养设计人员，提高我们的设计水平有着一定的现实意义。

（一）产品设计

环顾我们四周，不难发现设计无所不在。产品设计的覆盖范围十分广泛，正如美国工业设计家雷蒙德·罗维所说"从唇膏到机车"，或是今天的"从钢尖到宇宙联络船"的广泛领域，现代人们生活的方方面面都离不开设计。然而，设计是建立在人的需求上的，并非只是对现有产品进行改进，而是从系统论观点去观察人们日常的生活方式和行为方式，在设计中把人的需求凸现出来，并充分发挥科技成果的生命力，将科技成果的效能应用到人们生活之中，从而创作出优秀的设计作品。苹果手机堪称这类设计的典范，苹果公司创新性的消除按键操作，引入触摸屏的设计，为人们创造出了一种全新的移动信息体验，引领了一场手机变革，使得科技与人的需求重要性显得格外突出。

新的生活方式始终都是和社会的发展共同变化的，人们在文明进步的同时，周围的一切都发生着变化。设计界所提倡的绿色设计、生态生活、人文设计，正是为了适应社会可持续发展和以人为本的设计宗旨。产品设计师要把握人们的需求，设计出人们都津津乐道的产品。正如某位设计师说的，"设计既是把时代最前沿的观念、技术、工艺运筹于材料和结构中表现，也是把沉淀的思想情感、艺术品性、形态结构、使用方式等再提炼和升华。"设计的真正目的是提高生活质量，满足人们不断增长的新需求，从而创造出新的生活方式，带给人们惊喜和新奇。人们的需求不会停滞，产品的内涵也在不断拓展，产品设计道路更是没有止境，人们对产品设计的探索也会不断进行。

（二）产品设计构思方法

在进行产品设计时，我们首先要去了解设计的对象，做到心中有数。闭门造车是行不通的，要使自己的设计不落俗套，就必须关注使用人群，做好充分的前期市场调查，尽可能多的收集有用资料。全面了解所要研究的问题，如对现有产品的优缺点分析，用户的特征分析，用户期待分析，使用环境分析，材料和技术分析，等等。

在进行了市场调查之后，采用什么方法进行设计就变得十分重要了。设计中要打破常规，用创造性的方法去思考和分析。在产品设计中我们一般采用问题法，即从提出问题到解决问题的方法。无论我们碰到什么设计难题，都可以通过问题法来寻找切入点，就能比较容易地找出解决问题的设计方案。

1. 培养正确的构思方法

构思是产品设计的灵魂。我们刚开始学画画，老师都会先教我们基本的方法，作画的顺序，但在设计创作中很难找到一种固定的构思方法。艺术设计大多都是一个循序渐进过程，由不完善到逐渐完善的过程。因此，在产品设计中要把我们想到的构思及时勾画下来，哪怕是微不足道的一个想法的闪现，也能从中寻找突破点，进行拓展。俗话说得好，万事开头难，在设计时首先要打开思路，只有思路放开了，我们才会有源源不断的想法产生。当左思右想找不到突破口的时候，我们可以换个角度进行思考，灵活运用而不墨守成规，尽可能朝多个方向，多个层次上发散思维进行自由想象，这样总会产生一些想法的，再对各种新想法进行有价值的优化整合，得到一些新颖独特的方案。

2. 产品设计中创新思维的重要性

设计的本质在于创造，而创造力的产生与发展离不开人的一系列思维活动。设计的过程也是展开想象，进行创新的过程。产品设计离不开创造性思维。创新思维在产品设计的过程扮演了十分重要的角色。产品设计创意的核心是创造性思维，它贯穿于整个产品设计过程中。创新的意义在于打破原有事物的束缚，勇于探索，产生新想法。产品设计正是创新精神运用于实践，从而设计出打动人心灵的美好东西。

3. 生活是创意的重要来源

设计不是灵感的闪现，更不会凭空出现，也不是每个人都会有好的创意，设计灵感是从大量的积累中而来。没有丰富的生活体验，是不可能产生神来之笔的，生活永远是最好的老师，我们可以看到许多经典的设计作品都是来源于生活，从生活中找到创意设计元素。例如北京 2008 年奥运会的"鸟巢"会场，设计者德梅隆从中国古代的鼎和仰韶文化——马家窑型的陶器中吸取灵感；1937 年芬兰著名设计师阿尔托在花瓶的设计上采用了一种有机形态的造型，其创作灵感来自其祖国的湖泊边界线；丹麦著名设计师雅各布森就设计了许多津津乐道的家具产品，他所设计的"蚁"椅、"天鹅"椅和"蛋"椅的灵感都是来源于自然。再留心观察我们身边的产品，不得不感叹生活的确是一块令创意萌生的沃土，产品设计师们应该细心观察生活细节，有意识地进行知识积累，善于发觉和探索，培养敏感的艺术洞察力，在设计时挖掘生活的相关经验，整合创意概念。日本设计家高山正喜久就说过：一切事物，必须亲自去体验，从而训练自己进一步从知识的范畴里跳出来，你才算是一个成功是设计师。

艺术的本质是创造，而且是对生活意义的创造，对人自身存在样式的不断再创造。在产品设计中我们要有一双会观察的眼睛，但最重要的是要在设计过程中不断地思考和总结，逐渐探索出一条适合自己的道路。在设计构思过程中不要故步自封，可以几种方法相互配合灵活运用。

二、简约设计的产品设计方法

工业革命之后的世界经济以前所未有的速度向前发展，但在获得巨大的物质文明的同时，人类亦付出了惨重的代价，那就是对环境的破坏所导致的人与自然的对立，人与人的疏离冷漠。在过去的几十年里，中国设计的发展取得了显著的成效，但也存在不少亟待解决的问题，因此对节约型设计的思考，对中国设计未来的发展有一定的指导意义。

随着"节约型"社会的提出，"节约型"设计也应运而生。"节约型"设计与绿色设计、生态设计和循环设计虽然称呼不同，但其内涵却大体一致，也可以说"节约型"设计是集合了绿色、生态和循环设计的一种设计。其最为重要的思想是将一些人弃之不用的物品或包装依据他们原有的造型特点、特质特性加以重新设计，改良成全新的物品，可以让它们重新走入我们的生活，延续它们的生命。概括起来可以给"节约型"设计这样的一个定义：节约型设计是产品一次生命周期结束后的第二次生命创造。着重考虑产品的可重复利用性，并将其作为设计目标，在满足重复利用的同时考虑和保证产品应有的基本功能、使用寿命、经济型和质量等。因此，"节约型"设计适合人们的生活需要，是人类文化发展进步的必然结果。

1. 简约设计观

简约设计是指运用最简单的结构、最俭省的材料、最洗练的造型及最纯净的表面处理等原则来进行产品设计的一种思想。

简约主义是从现代主义中演化过来的一种设计风格，是对现代主义的部分继承和发展，也是社会文明发展到现阶段的必然趋势。美国的国际主义现代建筑可以说是极简设计的典型代表，最后却不得不被炸毁拆除。谁能说它们是节约的设计？可能国际主义的设计师们有过节约的考虑，然而事与愿违，结果不仅造成了巨大的浪费，还带来了其他的社会问题。在产品的设计阶段，应以简洁、明快、实用、经济为设计原则，强调功能与形式的统一，使设计出的产品更加合理化和实用化，能真实准确地反映其自身的价值，满足消费群体的各种必要的审美和需求。在我国资源极度缺乏、环境问题日益严重的今天，推崇简约的设计理念，摒弃奢侈豪华的设计风格，是设计师应具有的社会责任。

2. 生态设计观

生态设计是环境管理领域的一个新概念，也称为"绿色设计"或"可持续设计"，是指将环境因素纳入设计之中，在产品生命周期的每一环节都考虑其可能带来的环境影响，通过设计改进使产品的环境影响降为最低。

中国自古以来就有崇尚自然、热爱自然的传统，古人将自己和天地万物紧密地联系在一起，视为不可分割的整体。"天人合一"就是这一思想的集中体现，它要求人一定要尊重自然规律，按照规律办事，从而达到人与自然的和谐统一。然而，中国当今一些制造商、开发商往往出于经济原因，不愿在项目中推行生态技术，而更乐于在形式上冠以"生态节能"的名号。这些企业更多地是关注眼前的经济利益，而忽视项目所能创造的生态价值，更损害了广大消费者的利益。在这一严峻情势下，很多设计师都已意识到生态设计的重要性，做出与国际接轨的绿色设计。我校美术学院学生多人作品入选"芬兰国际 2012 生态设计特别展"。展览作品中，他们对日常废旧材料所蕴涵的潜力的再发掘引人深思。这种设计不依循僵化的设计理论教条，而尊重日常生活中存在的基本规律，其态度本身就如同生活一样具有可持续性，使日常材料的潜力得到再发掘，进而突破常规情境得到功能转换、意义多样并蕴含情感的多重目的。

3. 伦理设计观

设计伦理的中心点就是可持续发展，可持续发展是调节人类生活方式的新型伦理规范。设计中的异化现象屡见不鲜，如对产品的过度包装就提高了产品的售价；缩短产品的使用寿命，使消费者不得不购买新产品；设计过多的功能键暗示产品的科技水平来提高价值，结果为了一些不必要的功能增加厚厚的说明书连专家也很难看懂，更不用说普通的消费者。设计师在设计的过程中，要真正为消费者着想，要考虑社会效应。设计师的责任应该是"使这个世界更美好"，而不是更糟糕。用最少的资源实现最佳的社会效果，才有可能让这个世界更美好。我们提倡"以人为本，以人为中心"，同时也要强调人与社会、人与自然的和谐，单纯强调人的中心位置显然是不合适的。所以，只有将伦理学的内容带入设计中，只有让伦理设计意识成为每个设计师的自觉的组成部分，才有可能在未来的设计活动中杜绝那种不负责任的、不道德的设计。

4. 中国节约型产品设计的发展趋势

日本当代设计的代表"无印良品"的根本就是省去不必要的设计，诞生的商品都是单纯的，无印良品的艺术顾问设计大师原研哉说："要让每个消费者都觉得用得顺手，这正是我要的感觉。"其实很多人之所以喜欢无印良品，就是因为喜欢它的简简单单，不矫揉造作，简言之，就是喜欢在设计中体现的自然，坚持的自然。作为另一个具有悠久历史的东方中国，在进行产品设计时，更应该多发掘传统的自然观与美学观；拥有 13 亿人口的人口大国，更应该以人为本，设计出不似国际主义那种单调冷漠，也不像巴洛克那样奢华浮夸的节约型人性化产品。

三、国内优秀产品设计案例——"祥云火炬"

"祥云火炬"是 2008 年北京奥运会主传递火炬，由于奥运火炬具有独特的含义，所以火炬的造型设计必须具有本土的独创性。为此，联想有限公司创新设计中心专门为此产品设计为祥云、卷轴样式，我们将会以此优秀产品为案例，剖析"祥云火炬"的诞生过程及其设计团队在突显本土化工业设计领域的成就。

（一）国内优秀产品设计案例剖析

2008 年北京奥运会火炬传递期间，每一个中国人甚至全世界的人都对"祥云火炬"过目不忘，赞叹有加，鲜亮的红色，耀眼的银漆，卷轴式的造型设计上附载着我国传统的祥云符号。这件设计作品从最初的草图勾画到最后的建模定型，是我国自主研发设计，由联想有限公司中标完成。它不仅是一把传递奥运圣火的火炬，它的整个造型设计都将中国最古老、最精髓的元素展现给了全世界。"祥云火炬"正是我们从中华五千年文明史中提炼的精品，每一个设计元素都有故事可讲。它的外形看起来简约流畅，其实背后隐藏着十分复杂的制作工艺，而且蕴含了丰富的设计理念，可以说，"祥云火炬"是艺术与科技的完美结合。

1. 卷轴——纸文化的发明国

"祥云火炬"的设计理念来源于"渊源共生，和谐共融"，整体造型是一个纸卷轴的样式。纸，联想 Fire 团队设计师仇佳钰无意中将一张纸这样卷起来，上面开口，下面是尖的，握在手里，其实这就是一个纸火炬！在讨论了许多可以代表中国形象的元素后，设计师章俊提出了祥云符号，才将纸火炬创意方案进一步推进。纸是中国古代的四大发明之一，它能够记录历史、传递文明，这与现代奥运火炬传递的宗旨十分相符。

2. 云符号——画龙点睛

什么样的图案，才是纸卷造型的最佳搭档？Fire 团队追古溯今，从四羊方尊等古代青铜器模型，到有关建筑、装饰等丰富资料，从美丽的剪纸，到飘逸灵动的书法……源远流长的中华文化，让他们陷入了沉思。如何才能找到既能承载中华文明精神深邃内涵，又能融入现代感的创意符号呢？这时候给出提示的，竟然还是一张纸！当设计师们把纸卷起来，纸卷一端横切面的造型可以不断地延展变化，像浪花，像云朵，敏锐的设计师从中发现了一个写意的符号，这个符号贯穿了中国古代文明史，一直为人们所喜爱——代表着美好与祥和的云纹。

3. 色彩——惊艳的中国红漆和银色系

当人们第一眼看到祥云火炬的时候，可能无法关注到那些精美的细节，首先映入人们眼帘的，将是颜色。什么颜色最能代表中国？肯定是红色。哪一种红色是最适合火炬的呢？设计师一一比对，在鲜红、朱红、砖红等众多的红色中，最终锁定了源于汉代的漆红色，几千年的漆器文化，使漆红成为承载千年中国印象的最佳色彩，饱和而富有力度，热烈而稳重。

4. 科技——艺术创意的伴侣

设计是艺术与科技的结合，工业时代的设计就是艺术与技术的理性融合剂。工业产品设计是建立在机器化大生产的前提和基础上的，产品设计最终也只有通过对特定材料的加工成型才能赋予其物质和精神功能，加工成型后还需要对基体进行表面处理，用以改变材料表面的物化特征、提高装饰效果和保护产品等，然后通过检测产品的环境耐候性，综合了解产品本身的科技含量是否达到了表现其艺术性的目的。

北京奥运会火炬的科技含量达到了新的高度：火炬长72厘米，重985克，燃烧时间15分钟，在零风速下火焰高度25至30厘米，在强光和日光情况下均可识别和拍摄。在工艺方面使用锥体曲面异型一次成型技术和铝材腐蚀、着色技术；在燃烧稳定性与外界环境适应性方面达到了新的技术高度，能在每小时65公里的强风和每小时50毫米的大雨情况下保持燃烧。火炬有重量要求，为了让火炬手举握舒适，必须控制在1500克以内，所以要选用轻质的金属，经过比较选择铝，因为铝比较软，延展性好，便于塑性。首先在造型上，上大下小的设计，保证了火炬手举握火炬的稳定性，而且手握处截面大小约为50毫米×40毫米，这个数据，是经过人机工程学考证的，保证了每一位火炬手举握火炬的舒适度。而对于金属材质的外壳，如何能做到防滑呢？这就要归功于火炬下半部分的红色外衣了，这是一种高触感橡胶漆，它的触感接近人体皮肤，握着它就像与同伴握手，不仅手感舒适，还起到了防滑的作用，一举两得。在奥运火炬的设计上，使用橡胶漆还是有史以来第一次。

火炬外壁的制造工艺要求比较高，先把一个圆柱形的棒料中间掏空，上面延展拉宽，下面缩小，侧面压弯，最终塑造成型，外壳薄壁仅0.8毫米，很好地控制了火炬的重量。在高质量的抛光铝面上制作云纹，从而在底色和祥云图案之间达到了完美的平衡。打磨之后，首先给整个火炬覆上银色，并用特别的胶水轻薄地覆盖。设计者随后在胶水层表面覆上刻有云纹图案的胶片，下一个步骤便是利用光在涂底的火炬上刻蚀精美的云纹。

（二）感悟——"雄关漫道真如铁，而今迈步从头越"

尽管只是初步了解了"祥云火炬"的设计来源和生产过程，我仍对做好一款优秀的产品设计的过程表示震撼，尤其是在国内如此偏薄的工业设计氛围里，如何做好真正可以表达中国人自己情感的产品是很艰难的。但是，联想设计团队对"祥云火炬"孜孜不倦的创新、改造、突破技术难关的实例，让我非常触动。

我常常想，到底是什么原因驱使我去学习产品设计，是什么原因让我们总是不断地借鉴国外优秀的品牌设计而忽略了本土的传统元素？又是什么原因禁锢了我们演绎本土元素的能力，使得民族的仅仅是民族的，而无法跨越国际走向世界？首先，我们的产品设计还停留在产品的外观设计上，系统设计上，从未来角度来看，这是孤立的，表象的，静止的，狭义的。未来的产品设计将着眼于产品相关环境的设计上，是相连的，内在的，互动的，广义的。未来设计和工业的职责有其伦理性和道德性。好的工业设计将是正确价值观的体现。其次，很多国外设计师已经打破了国家传统的壁垒，而中国大部分产品设计都带有大量的标志性中国元素。现代设计讲究"绿色设计"，着重考虑环境属性并将其作为设计目标，同时还应尽量减少物质和能源的消耗、减少有害物质的排放，使产品零部件能够方便的分类回收并再生循环或重新利用。在材料运用上、环保理念上，我们与发达国家的差距在于对设计追求精湛的理念上差得较远。工艺设计中材料、色彩的灵活运用，设计思想的大胆体现均很欠缺。

我们看到的多数中国元素不是融进去的血肉，而是贴上去的标签。就像一谈设计不是龙就是凤，要么就会用到太极八卦，这与现代社会格格不入。可是，2008 年奥运会的开幕式上，它绝大多数是运用现代语言去演绎古代中国的儒雅大气与唯美，这也是值得我们探究的。还有我们案例中的"祥云火炬"都是以中国古典元素为基底，运用现代设计手法和理念高度概括和容纳，才创造出了这样多元化的优秀产品。所以学习工业设计一定要思维开阔，不仅要训练自己的现代设计思维，还要广泛涉猎材料工艺、环境科学、人机工学以及文学等多个学科要素，融会贯通，在综合思维中真正做出属于中国自己的好设计。

第五节　产品设计思维和设计理念

一、产品设计中的创新思维

产品设计的过程可以看作是发现问题、分析问题和解决问题的过程，它通过物的载体借助于一种美好的形态来满足人们的物质或精神的需要。而创新思维是一种全方位的思维形式，能够引导人们从不同的角度、不同的层面去思考问题，从而突破思维定式，激发设计灵感，进而使人们考虑问题更为全面。所以，创新思维的培养有助于提高设计能力。

思维人人都有，然而大家的思维水平却高低不一，总会产生思维盲点。我们的大脑需要不断开发，通过开发训练大脑思维潜能，达到培养提高人的开放能力、创新能力和创造能力的目的。创意始终依赖于设计者的创造性联想。联想是创意的关键，是创新思维的基础。那么，什么是联想呢？它是指因一事物而想起与之有关事物的思想活动；由于某人或某种事物而想起其他相关的人或事物；由某一概念而引起其他相关的概念。联想是暂时神经联系的复活，它是事物之间联系和关系的反映。各种不同的事物在头脑中所形成的信息会以不同的方式达成暂时的联系，这种联系正是联想的桥梁，从而可以找出表面上毫无关系，甚至相隔遥远的事物之间的内在关联性。例如，我们由点可以联想到线，再由线联想到面和体，甚至空间。就产品设计而言，通过联想可以拓展创新思维的天地，使无形的概念向有形的产品转化，然后创造出新的形象。

想象是比联想更为复杂的一种心理活动，是人通过大脑提取记忆中的材料进行加工改造，并产生新的形象的心理过程。它可以是没有预定目的和计划的，就像做梦一样；也可以是有预定目的、自觉地进行的想象。它是人类对客观事物特有的一种反映形式，能打破时间和空间的束缚，可谓天马行空。但想象归根到底还是来源于生活，客观现实中的各种启示激发出无穷的创意，它对我们进行创造性的思维活动有十分重要的作用，能有力推动我们创新思维的发展。尽管想象可以不符合客观现实的逻辑，但是在产品设计中，它都要按照设计的目的和要求去运动，在构思中，不论想象如何奇特和自由，都不能脱离表达主题思想这个基本要求。

逆向思维是超越常规的一种思维方式，通常人们习惯于沿着事物发展的正确方向去思考并寻求解决办法。然而，对于某些问题尤其是一些特殊问题，从结论往回推，倒过来思考，从求解回到已知条件，会使问题简化，甚至有新发现。运用逆向思维去思考和处理问题，实际上就是以"出奇"去达到"制胜"，其结果常常会令人大吃一惊或有所得。朝着人们思维习惯相反的方向思考，才容易开辟新的领域，发现新的问题，以表现自己对已有认识、已有结论的超越。《老子》第三十六章中说："将欲废之，必固兴之；将欲夺之，必因与之。"就是这个道理。

还有多向思维，它是指思考中信息向多种可能的方向扩散，以引出更多的新信息。它是一种发散性思维，要求我们对给出的材料信息从不同角度、不同方向、不同方法或者途径进行分析，有助于认清事物本质，通过对知识的综合运用达到举一反三的目的。

在当今技术与设计的整合时代，我们的生活越来越离不开设计，从自身的关怀需要，发展到对家庭、朋友、邻里的关怀，直至发展到对整个社会、国家乃至世界生态环境的关怀。在不断扩大对这些需要满足的基础上，融入创新思维的设计，达到促使社会进步的目的，创新设计使人们的生活更加美好。

二、产品设计中的理性思维

产品设计所追求的最为真切的内涵是永恒的、本质的、真理的。这就要求现今的设计师们在实践、创造中用这种思维语义去创作自己的作品，创造出当今消费者的需求。因为在 21 世纪的今天，消费者们毫无准备也没有时间来决定或想象高科技产品将会怎样改善他们的生活，这就决定了产品设计师要担当这一决策人的责任。

新产品和新服务上市的速度极快，但不管怎样变化，工业设计师依然应该着眼于现在和可预知的未来，给人们带来前瞻的、经典的产品，并以合理化的手段投放市场，建立健康的工业产品创作运行模式。

（一）产品设计实现过程中的首要思维程式

设计一个产品时，我们首先要进行市场的分析、定位。要去广泛地了解市场中的同类产品，认真做好市场调研工作，尽可能多地收集同类产品的设计、科研资料、工艺情况、产品材料和耗能情况的数据分析情报，按照功能的复杂程度和价格高低进行分类。然后进行竞争者分析和自身品牌分析，找出同类产品竞争者的缺陷和自身品牌的优势与识别传承性，依据该结果确立新设计的功能和价格，找出新设计在市场中的定位点，并依据该定位点确立基本造型和结构关系。

另外进行的是客户分析，也就是分析委托客户的个人取向，了解他们的爱好和需求，要在做设计时与之及时沟通，了解委托客户的生产能力和工艺水平，了解他们的优势和不足，并依据实际情况确立新设计的广度。争取用最快的速度取得客户对产品设计的认可，只有这样才能使自己的设计与生产方达成共识，让自己设计的产品尽快上市。

除此之外，我们还要对产品本身的成本进行控制，依据基本造型大致确立将要生产的产品的零件数量，并且在设计的始终时刻保持对成本的控制，将成型难度降到最低点，确保基本造型便于拆装和维修，并且包装后不增加额外的运输成本。

我们在生产的过程中，首先需要调整好自己的思维方式，要使自己的产品能够成为合理的、前瞻的作品，就要时刻保持这种如绘画中"坚持第一感觉"般的设计思维。

（二）设计过程中用户群、所处环境及人机工程等方面的分析

1.用户与消费群分析

我们要依据上一思维程式确立一个目标用户群。该用户群的消费能力影响产品的价格因素，反过来，产品的造型特征应体现出产品的价格区间。这是我们确立产品价格的一个至关重要的因素。该用户群的年龄、性别、受教育程度决定他们的审美取向；他们的工作和生活方式决定他们的消费习惯。因此新的设计，则应依据该用户群的审美取向和消费习惯，确立产品的色彩语义和视觉感受倾向。

2.对所处环境的分析

我们依据产品所要表达的色彩语义、潮流因素以及视觉倾向，大致确立

新设计的造型风格。分析产品所处的环境或使用场合周围的物体，拿现成的因素推敲造型风格，依据产品与环境和谐的原则确立新设计的造型语义。设计不可以超越环境氛围，应紧密与周围环境相融合，如违背将会造成产品设计的突兀，从而影响大众对设计的认可度和信任度。

3. 从人机工程学的角度分析

在未来的创意社会中，人机工程的运用将更加重要，以人为本的思想决定了我们所做的设计要依据基本造型语义确立人机关系，用简图分析尺寸和作业半径，保障符合人体使用尺寸，舒适、宜人。科技产品应变得越来越实用，用户可以更加容易地掌握、使用它们。产品功能的实现，所带给人们的认可度和美感，除了功能性的实现，在另一方面材料也发挥着很大的作用。我们在设计时应考虑环保性的材料和便于回收再利用的结构，无障碍的造型，不可有对人体造成伤害的形态，要将操作难度降到最低点，使你的设计更具有功能之美。

（三）产品设计中的新技术运用、产品细节与功能再定义及对自身结构分析

1. 新技术运用

在产品的上述因素分析完成后，我们要着手产品的实现过程。首先我们要注重新技术在设计中的应用，在每一个设计师的设计生涯中非常紧要的就是时刻关注制造技术的新发展，新的成型工艺或材料可能带来更多的功能可行性，或者产品的美学潮流。例如表面 UV 漆，钢琴烤漆，光敏电阻器，导光 LED，半导体技术依据可能的新技术、新趋势，为新设计确立新概念，使我们的产品更具未来性和前瞻性。我们要让自己的作品引领时代的潮流以适应当今艺术与技术迅猛发展的时代，因此新技术核心材料的掌握和信息的更新，也成为我们在设计中冲出凡俗陈旧、创作出新颖独特产品的制胜法宝。

2. 产品细节与功能再定义

我们要寻找功能本质和普遍宽松定义，重新描述名词，寻找功能类似的产品。例如，椅子的本质是坐具，键盘的本质是输入信息的工具，旋钮的本质是可移动位置的操作等。我们将这些概念化的名词回归到其最原始的本质，再将这一本原的概念依据功能本质重新进行逆向的发散思考，小概念放大化，重新构建功能的可行性。借鉴使用环境里周围物体的造型细节，或可实现功

能本质的同类产品，来构建新设计的细节，达成语义联想。

3. 要对产品的自身结构进行分析

我们设计出产品的大致形态、功能后，要对现有我们掌握的同类产品的资料进行彻底分析，确认零部件之间的功能关系和零件布局的目的，区分可变因素和不可变因素。在符合客户的意见和喜好、成本标准、用户群体认识、环境的融合、人机工程学的具体分析等这些因素后，对可变因素进行再推敲，依据功能关系和新的造型语义对可变因素进行重新排列组合，并确保其布局符合和谐美学标准和新的造型语义。

产品设计的语义，不单单是为了创造出好的产品，更重要的是为了现实而又超越现实的设计，在整体的设计思路中，我们要遵循科学、合理的思维方法，只有这样才能达到创新的高度。从宏观上而言，顺应时代的发展，为人类社会带来新的亮点，注入新鲜血液，而不是刻板地描摹或不合逻辑的、偏执的设计。从微观上，使设计出来的产品得到商家和大众的认可，尽快与生产相结合，投放市场，实现设计创作的最原始的价值。

三、创新性思维在产品设计中的应用

创新是打破常规的思维活动表现在意识形态上的哲学反映，创新的力量来源于创造性思维的开发和拓展，创造性思维是人类运用大脑开拓新的认知领域、开创新的认知成果的全新意识活动，是人类思维模式的最高级表现形式，一旦创造性思维被论证合理可靠，那么就奠定了产品设计的有利开端。

产品设计的出发点是功能创新，功能创新主要依托于技术的创新，一项新技术成功的应用到新产品上，往往会改变产品的原有形态模式。

在设计中，对产品功能的创新无疑是最重要的。新产品的研发基本目的是为了满足消费者不断增长的新需求，从目前全球知名企业的创新主要关注点来看，功能性创新依然是企业管理的重心所在。据调查 iPhone 手机的功能创新占总体创新份额的 52%，iPhone 手机之所以备受人们关注，是因为 iPhone 给手机领域带来了多项具有革命性意义的技术，iPhone 手机将所有输入工作通过手指点击屏幕实现，省略掉键盘，在手机表面积一定的情况下尽可能地增大了屏幕，为用户更好地查阅图片、网页以及视频文件提供了方便，而这完全依靠于苹果自主创新的"Multi-Touch"多点触摸技术。与传统的人机交互技术相比，此技术更加着重于对"用户研究"和"用户体验"的重视，属于"脑的延伸"阶段，当两个手指接触在屏幕上时，通过改变两指的间距来实现图片翻页、查找功能；此外，再配以 iPhone 优秀的 UI 视觉效果，操作 iPhone 手机对使用者来讲简直成为一种体验享受。

形式创新是建立在功能创新基础上的，有什么样的功能就会产生与之相适应的形式载体，换言之，一个成功的产品，只要功能具有合理性，那么它的形式也应是合理的，这符合"形式追随功能"的设计定律。但并不等于，一个功能只对应一个固有的形式，在功能相同的条件下，设计人员会根据市场调研情况进行多种形态的尝试，从而满足消费者的多样需求。

产品能给人带来美的视觉享受，是因为其形式符合人的审美要求，以汽车设计为例：哈利·厄尔是"美国商业有计划废止制"的灵活人物，他设计的凯迪拉克剑鱼汽车前脸是鱼的一对胸鳍，像是能高速飞翔的翅膀，车尾有一个尾鳍与之互呼应，尾鳍设计成喷气飞机喷火口的形状，整体形态威猛夸张。这些鱼鳍除标榜它的造型与众不同外，没有实质性的用途，之后，通用公司又推出了"艾尔多拉多"59 型轿车，车体更长、更低，夸张的形态达到了顶峰，因其在一定程度上迎合了战后美国人追求炫富的前卫心态，因此这种造型在 20 世纪 50 年代取得了良好的市场效应，这是样式设计对销售的贡献。

汽车除作为交通工具外，也是文化的载体。如甲壳虫的轿车富有幽默而情趣的设计理念，符合空气动力学的形态，采用逼真的表情，表现出积极向上的能量主题，打破了传统汽车产品的机械化冷漠感，以其活泼可爱的造型赢得了市场的青睐。再如青蛙笑脸版的奇瑞，将两个车前大灯仿生成眼睛，将车前盖仿生成微笑的嘴巴，亲切而平实。车身还有许多塑料，触感温和，没有异味，仪表和控制台设计走间接路线，按键大，布局清晰，简单熟悉后即可完全掌握，这绝对是年轻女士的首选款型。

在研发新产品的进程中，存在着继承传统和创新变革两种现象，但二者并不矛盾，创新是通过引入新思维进行产品创造和对传统产品进行改良设计的高级活动。唯有创新，产品才能真正实现为人所用的目的，也就是产品设计的意义所在。

四、逆向思维在产品设计中的应用

在生活中，人们往往习惯沿着事物发展的正常方向去思考问题并寻求解决办法。殊不知在某些时候，如果我们能打破常规、颠倒思路，或许就能打开视野，取得出奇制胜的效果，而这种完全相反的策略其实就是逆向思维。当然，作为一种具有普遍意义的思维模式，其肯定不止用于军事战争及理论创新，在我们工作的产品设计中，只要运用得当，照样能发挥巨大威力。我们就列举几个在产品设计中冲破常规思路而取得显著效果的例子。

（一）改变推力方向，困难变容易

如在某次产品设计中就遇到了如下的问题。有一工字钢板已经埋入墙壁中，墙壁周围（除了工字钢附近）都粘有防护层，现产品上有一工件需要固定到工字钢板上，且工字钢板上不允许打孔或焊接，该如何设计呢？

在项目初期曾按照通常思路"顺理成章"地提出了如下的设计方案：制造两个U型卡，并将其固定至工件背后。安装时将其卡入工字钢中，再用两个螺栓从后面拧入U型卡（U型卡上有螺纹孔），拧紧，当螺栓完全抵至工字钢上时，就起到固定作用。

乍一看，方案可行、固定可靠。但在实际装配过程中才发现，两个用于卡紧的螺栓安装非常困难（几乎不能安装）。由于防护层较高，操作人员很难将手伸入工字钢板内侧拧螺栓。

对出现的问题怎么解决呢？其实仔细分析，螺栓在此处仅仅起到产生推力的作用，而推力的方向是可以改变的。以上方案的推力是从内向外才造成拧紧困难，那如果能将其改为从外向内，问题应该可以得到解决。在此思路的指引下，改进的方案也就产生了。

这个产品的主要改进在于在工件顶部增加两块L型板并与工件连接紧固，再用U型板将工字钢与L型板一起卡入。最后将螺钉从前方拧入，抵上L型板，起到紧固作用。

如此改动的最大好处是方便安装，当改变了推力方向之后，工作人员不必再将手伸入防护层内部，只需在外部拧紧螺栓即可。

2.调换结构形式，麻烦变方便

以上改变推力的方向，可使安装过程大为简化。但大多数时候改变方向的不只是力，还应包括结构形式，如下凹或者上凸的位置也可使装配过程变得更轻松。例如在某次产品的研制初期就设计出这样的结构：

为了安装前端的 O 型密封圈，筒体的前部比后部厚。需要安装的元件与后盖直接固定连接在一起。按照设计，装配时将元件与后盖一起从后端推入。

设计之初，并未发现任何问题。但到装配时才发现若是元件与后盖的固定在垂直度上稍有偏差，则元件很容易抵死在筒壁上变厚的地方，致使整个产品难以顺利安装到位。

那么，有没有办法让产品的设计得到优化呢？其实分析问题出现的原因，不难发现，元件其实是卡在了筒体由薄变厚的台阶上。如果将元件与筒壁的间隙调大，那么卡死的问题便能得到缓解，但是得靠降低装配精度作为牺牲。那有没有其他的解决方案呢？既能彻底解决问题，又能不牺牲装配精度。回答是肯定的，只是要完全调换设计思路——将加厚部分放至筒壁外侧。

在改进方案中，将筒壁的加厚部分设计至筒壁外侧，即让元件只在光滑筒壁内滑动，从而有效地防止了容易出现的卡死情况。改进之后，其他功能几乎不受影响，但却大大方便了装配过程。

以上的几个例子，无论是改变方向、调换位置或者是寻找新的方式，都是在这一理论基础中产生出来的新思路。当然，我们也并不否定顺向思维的重要性，在大多数情况下，常规思路仍然是解决问题的首要途径。就像大部分时候打仗还得真枪实弹，单靠唱"空城计"来吓唬对方，有了一回就难有二回了。

第六节 当代产品设计与传统产品设计在
设计理念上的区别

在信息智能化时代，工业产品与传统工业时代的产品有了本质上的不同。随着历史的发展，工业设计的理念更加趋于广泛和深入。数码时代以思想和科技为价值基础。两个时代的设计理念的价值观不同，只能数码时代的价值观念颠覆了传统。工业产品不断改进，人们在很自然的改变中，已经在无意地接受了这种物质与非物质的区别和设计理念，产品设计要以无形的知识为其价格基础。这样会大大降低产品对自然的浪费和污染。

传统的空调系统因设备复杂、体积庞大、能源消耗大、使用维护烦琐且运行费用高昂，已不能完全满足现代消费水平的要求。

能成为世博会"钦点"的"御用"产品，就有了在世界面前展示自己实力的机会。全球的大腕级品牌，无一不为争取这个机会全力以赴。作为主办国，中国在一切与世博会相关的事物上提出最高要求，就家电品类而言，此次产品入选的门槛比奥运产品还要高。所以，上海世博会选择的服务产品均须由行业顶尖供应商采用最新技术、新材料制造而成，并且必须符合低碳、环保、高效、节能的要求。而由海尔集团工业设计中心总监兰翠芹领导的设计团队设计的海尔无氟变频空调其舒适、高效、低碳的特点与世博会所倡导的"绿色、低碳"理念一脉相承，因此顺利地成为首批世博会指定空调产品，不仅如此，上海世博会无氟变频空调更是唯一指定了海尔品牌。海尔的空调秉承海尔家电一开始就瞄准全球地位的理念，将科技领先、紧跟世界科技潮流作为安身立命之本。自无氟空调时代开启之时，海尔变率先立下行业标杆，将无氟科技的理念深深植入到消费者的心中。随着时代进步的需求，海尔再次率先抓住了无氟变频的技术，但是海尔并不自满于此。据悉，本届世博会展出的，是经世博会组委会"钦点"，代表了世界空调最高科技水平的"海尔物联网空调"。

物联网空调可以说是真正意义上的"智能"空调。海尔物联网空调具有智能安防、远程运行监控、节能管理、服务预警等多重功能，通过3G网络便可进行"隔空"操作，是能够真正实现"人机对话"，带来安全、便利的未来智能生活的高科技产品。

智能数码时代、全球化时代的价值观与传统的工业设计时代的价值观很不同，传统的工业设计的产品设计是基于自然材料，而在智能数码时代的产品设计更重于无形的知识与精神基础，这是人们对物质与非物质需求的改变，也是时代的进步。

由美国著名品牌苹果公司，著名设计师乔纳斯·伊弗带领的设计团队研发推出的 MacBook Air 最新 11.3 寸和 13.3 寸，是迄今为止最便捷的 Apple 笔记本电脑，无论是在外形上还是在内部结构上都让人惊叹。其轻巧的外壳机身让人好奇它的内部结构该是怎样的神秘。MacBook Air 围绕全闪存设计，反应灵敏，质量可靠，并且拥有 5 个小时的足够电池电量，精准的 Uniboody 一体型机身设计，主机机身和显示屏外壳都是由一整块铝合金打造而成，这样的设计使 MacBook Air 看上去简约但是不简单，更加地轻巧耐用。同时更值得一提的是附赠的系统安装 U 盘，取代了传统的安装光盘。同时它的数据适配器与上一代相比，体积明显缩小。取消独立的开关键设置，与键盘合为一体。散热器、主芯片、内存主板以及风扇，不仅与传统的台式电脑有很大的区别，就是与相近的传统笔记本电脑相比，无论是在外观上还是在内部结构上，大到显示屏，小到盖底上的梅花形五角螺丝，都彰显了设计者的用心，也证明了在传统工业时代和智能数码时代，设计产品在设计理念上的不同。

在过去的工业时代，传统的工业设计理念是解决人的生存，只是很简单地停留在设计的表面，没有什么与时俱进的时代性，运用美学来创造奢侈品，大多数人认为产品的设计就是在设计产品的外在包装。而在信息时代，智能数码产品普遍存在于人们的生活中，且日新月异，在各个行业，各种设计技术不断创新、不断改进的今天，在产品有形的变化中，人们的思想，设计师的设计理念，以及人们对物质与非物质的理解与追求发生了无形的变化。在信息时代，设计理念开始注入人与社会，人与自然的关系，从而使信息、思想和科技成了人们生活的价值基础，设计理念也由原先的物质追求转变为非物质的追求。

第二章　产品设计规律研究

第一节　产品设计中的传统元素

中国传统文化历史悠久，源远流长。一直以来中国传统元素在设计界有着独特的地位。近年来在国际上"中国风"盛行，在人们回归传统的思潮影响下，与传统元素有关联的设计作品频繁出现。许多产品仅仅依靠模仿传统图案的视觉效果吸引大众，推敲之后并无新意，是一种贴标签式的设计，并不符合时代潮流及人们的生活需求。因此传统元素在现代产品设计中如何运用，传统元素该如何发扬光大还需仔细推敲。

一、传统元素的概念定义

（一）广义的传统元素概念

从广义上讲，中国历史发展中具有代表性的物质与精神文明成果，包括形象、符号以及风俗习惯、行为现象等都可以归为传统元素。例子是不胜枚举的，如书法、国画、中国结、京戏脸谱、皮影、景泰蓝、玉雕、红灯笼、甲骨文、竹简、茶、中药、文房四宝、佛、道、儒、阴阳、禅宗、太极图、龙凤纹样、祥云图案、青铜器、石狮、对联、年画、鞭炮、饺子、月饼、冰糖葫芦、牡丹、梅花、大熊猫、唐装、旗袍、筷子、金元宝、象棋、围棋，等等。从这些例子中可以看出，传统元素体现了中华文明不同时期、不同形式的辉煌成就，是中华民族宝贵的物质和精神财富。

（二）传统元素的分类

视觉形象：中国结、龙凤纹样、京剧脸谱等。中华民族文化艺术在经过漫长的历史凝练后，逐步形成各具内涵的图形和纹饰。这些传统元素主要以视觉形象呈现，其中包括各类吉祥图案、纹样等，成为能看见的、静态的传统元素。

物质创造：四大发明、陶瓷器、唐装、丝绸刺绣等。这些传统元素主要为中华民族发明的器物、服装、手工艺品，在古代人们的生活中有一定的使用功能，同时也是中华民族智慧的结晶。

文化活动：京剧戏曲、武术功夫、麻将、传统乐器演奏等。这些传统元素形成了古代人们文化与休闲娱乐生活的多样形式，其中有文有武，涵盖音乐、美术、戏曲、体育、游艺等方面，是传统文化多彩的篇章。

宗教活动：佛、道、儒等宗教思想和宗教活动。佛教是世界四大宗教之一，起源于印度，但在我国得到比较深入的发展。道家和儒学思想作为在中国诞生并发展的文化成果，其思想内涵在中国人的价值观及处世社交中有很大程度的体现。

生活习惯：中餐、工夫茶、中医、传统节日及相关风俗习惯等。大部分中国人的生活都带有鲜明的"中国特色"，如在饮食上，吃中餐、使用筷子作为餐具；经常饮茶；在作息规律方面，一般日出而作，日落而息；中国人生病后通常会寻求中医的解决办法。传统节日也有许多，在特定的节日做特定的事情、吃特殊的食品，也是中国人风俗习惯中重要的一部分。

（三）产品设计中的传统元素

产品概念：在现代产品设计中，概念是产品的重要价值所在。产品概念中的传统元素是指产品理念、其代表的生活方式、或传统的精神在设计中的体现。产品概念中的传统元素主要指产品的内容体现了传统，并不是形式上的元素运用。

产品造型：传统元素可以是设计师的重要灵感来源。在产品形态的设计中，诸如传统建筑、传统纹样、动植物的形象等都可以对产品的外观造型、体积、表面处理等方面产生影响。其例子是不胜列举的，如祥云火炬等著名设计，都在外观上较好地运用了传统元素。

产品材质：木、竹、石等自然材质能够较好地体现设计作品的传统风格。有时只是对产品表面材质进行自然化的处理，就可以达到视觉、触觉及心理上符合传统风格的效果。

二、传统元素的遗存与演变

（一）在不同的历史阶段传统文化的发展变化

改革开放前，以传统的生活方式与观念为主导。生产力水平的低下与社会文化的落后致使人们还在重复着前人的生活模式，主要生活状态以满足温饱为主。改革开放后，西方文化与生活方式传入中国，西方的价值观念走进百姓的世界。科技进步与生产力水平提高的同时使人们置身于更加开放的环境当中，大大拓宽了人们的视野。随着信息技术与互联网技术的发展，世界变得越来越小，民主与个体意识越来越深入人心。生活方式的选择变得多元化，一部分人在迷失于西方文化的同时，也有部分人在对传统生活进行反思。

（二）传统生活与现代生活的差异

传统生活方式中的许多方面是与现代生活相悖的，现代生活方式具有时代性和创新性。现代市场竞争机制加快了人们的生活节奏，科技进步使劳动生产率提高，工作时间缩短，休闲时间增加。现代社会生活方式具有创新性，人们的衣食住行在不断地更新换代，且更新周期不断缩短。

现代生活同时重视物质消费和精神消费。人们的生活水平快速提高，物质产品十分丰富，人们进一步追求的方向是精神消费，如休闲娱乐、旅游、学习、收藏等。即便是物质消费也会体现出比较高的文化品位，居室的装饰装潢、餐具、酒具、茶具等都会追求一种较高的品质。

个体性、多样性充分展现。现代消费生活主要是以家庭为单位进行的，各个家庭的规模结构、经济条件、社会关系，家庭成员的个性及职业、社会地位、社交圈不同，因而形成丰富多彩的生活方式。现代社会为人们张扬个性生活创造了条件，这就彻底改变了我国曾经存在的消费方式趋同化、单一化，生活同质化的现象。

三、传统元素在现代产品设计中的应用案例分析

（一）豆浆机

喝豆浆、吃豆腐是中国人自古以来的饮食传统。豆浆作为液体豆制品，是一种营养丰富，对健康很有益处的饮品，直到今天人们还是经常饮用。尤

其作为搭配早餐主食的饮品，豆浆在中式早餐铺、小吃店里出现的频率接近100%。近年来各种品牌的豆浆机在卖场层出不穷，受到消费者的欢迎。越来越多的家庭购买豆浆机，用来提升生活品质。究其原因，由于豆浆机这一产品在概念上迎合了中国人喜爱豆浆这一传统，同时又符合现代人快节奏及追求健康的生活方式。因此，豆浆机在商业上取得了成功。

（二）祥云火炬

在祥云火炬中"渊源共生，和谐共融"的祥云图案是具有代表性的中国文化符号。火炬造型的设计灵感来自中国传统的纸卷轴。纸是中国四大发明之一，人类文明随着纸的出现得以传播。源于汉代的漆红色在火炬上的运用使之明显区别于往届奥运会火炬设计，红银对比产生醒目的视觉效果。"祥云"火炬浓缩了中华民族悠久的文化传承，"红""祥云""中国印""卷轴"等，从视觉到含义，无不体现出中国文化的壮美神韵。

（三）按摩椅

中医学里的按摩推拿是中国人养生保健的常用方式。而传统的推拿按摩需要医生或者技师来帮助患者按摩，这在现代生活中造成许多不便。而电动按摩椅的设计利用现代科技，使产品拥有按摩、推拿、保健等功能，再次改变了传统的按摩方式，使之迎合了百姓的需求，同时也在商业上获得了成功。

四、传统生活方式下的现代产品设计实践

此次产品设计实践中，选取饮茶这一中国传统生活习惯作为研究对象，进行茶文化相关的用品设计。在研究过程中，主要涉及以下几个方面：

（一）课题调研与相关问题研究

1.茶文化的含义

茶文化包括茶叶品评、鉴赏、体味环境等整个过程和意境。其过程是形式和精神的统一，是饮茶活动过程中形成的文化现象。它起源久远，历史悠久，文化底蕴深厚，与宗教结缘。中国人民历来就有"客来敬茶"的习惯，这充分反映了中华民族的文明和礼貌。茶文化属于中国文化范畴，重视细节，讲究茶叶、茶水、火候、茶具、环境和饮者的修养、情绪等共同形成的意境之美。

2. 茶与禅的关系

禅，是东方传统文化的精髓，如今正转化成一种生活的智慧。当禅的思考与设计艺术碰撞出火花，有灵性的设计便诞生了。禅学不仅能够提高修养、净化心灵、启迪智慧，而且能回答人类文明的根本问题。在禅看来，人类文明的起点，应是"识自本心，见自本性"。茶与禅的结合，要从达摩祖师来中国传法说起。相传达摩祖师面壁坐禅九年间，有一天终因打瞌睡而苦恼，于是将自己的眼皮撕下，丢在地上，不久地上就长出一株绿叶植物。其弟子就用绿叶煮了汤给达摩祖师喝，达摩祖师喝过后，顿觉神清气爽，打坐时再也不打瞌睡了。虽然这则故事听起来有些玄虚，但充分表明了茶与禅的密切联系。

3. 泡茶的一般程序

（1）清具。用热水冲淋茶壶与茶杯，再将其沥干。这一步骤可以增加茶壶与杯子的温度，使泡茶后的温度相对稳定；（2）置茶。用茶匙将一定数量的茶叶放置于茶壶或茶杯中；（3）冲泡。按一定比例将开水注入茶壶或茶杯中，民间通常以七分满为宜；（4）敬茶。主人负责将茶盘或茶杯端给客人并使用特定的姿势；（5）赏茶。上茶后可先观色察形，接着闻香，再嚼汤尝味；（6）续水。根据不同的茶种，续水通常两到三次即可。

4. 现代生活方式下的茶文化

茶作为国饮，其曾经的功能已大大退化了。如今茶作为大众饮品的功能日益凸现，茶文化也必然具有大众文化的色彩。现代人在饮茶之时除解渴外，若能闲暇之余邀三五友人，烹茶品茗，也不失为一种调节心性的手段。近几年来全国各地的茶馆数量有增无减，虽然经营的范围与传统茶馆相比有很大的不同，但至少提供了一处让现代都市人心灵休憩的场所，在这里人们可以与悠久的茶文化对话，从中感知我国博大精深的茶文化的魅力。

5. 茶文化相关产品

调研内容主要为茶叶、茶具、相关配套器具与家具等。在调研中发现，人们饮茶的原因有爱好品茶，提神醒脑，利于健康等。购买茶具原因有使用、收藏、赠送等。而许多年轻人不选择饮茶是由于操作过程不够方便快捷，对年轻人来说不具有吸引力等等。

（二）概念确立与设计过程

设计概念主要考虑保留茶文化的精髓——禅意与仪式感，同时与现代化的生活方式相结合，形成饮茶方式上的创新以及茶具形式上的创新。设计中体现禅意的关键词按照以下四个方面来分——风格方面：简约、质朴、素雅、自然；造型方面：简洁、方圆、低矮；色彩方面：素色、深棕、米色、浅灰、白色；材质方面：如木、竹、石、陶土等。

（三）设计方案展示

我对于茶文化产品的设计尝试，方案名为"新茶境"一体化茶台设计。其概念主要立足于将中国传统茶文化进行现代化产品设计，以适应现代社会快节奏的生活方式，迎合年轻人的需求。茶台采用一键式操作，自动完成从冲淋茶杯、沏茶到回收茶水等品茶步骤，同时具有播放音乐等附加功能，使人们在繁忙的生活中也能品味到茶禅一味的意境，完成饮茶方式及茶具形式上的创新。

传统元素是一个广义的概念，对于传统元素的研究与理解并不能仅仅局限于视觉的图案纹样。全方位、多角度地把握传统元素是进行与之相关的产品设计事务的理论与思想基础。对传统元素的视觉化、表面化模仿并不能正确继承和发扬传统文化，容易使人们忽略其历史背景及内在价值。在产品设计中，传统元素中有生命力的部分如健康饮食、健康生活方式等，能够在较大程度上符合时代潮流、契合大众心理，更容易获得人们的认可，从而取得商业上的成功，达到传统引领时尚的境界。不同产品在体现传统元素的形式上也各不相同，根据产品的功能与风格，需要对既定的传统元素进行再提炼与再设计。充分研究不同背景的消费者的消费心理，更容易设计出在特定地域受欢迎的产品。

第二节　产品设计中的传统视觉元素运用

中华文明源远流长，经过数千年的文化沉淀，中国人形成了特定的生活习惯、审美取向和文化认同感。传统视觉元素在数千年的中国文明发展史中占有重要的地位，发掘优秀传统视觉元素，探索将传统的中国文化元素与现代设计合理结合，将优秀的传统中国视觉元素应用到现代产品设计中，让现代产品设计富有民族性和本土文化特性，让产品更符合中国消费者的使用习惯，是让中国特色的设计走向世界的必经之路。

一、中国传统视觉元素

中国传统视觉元素非常丰富，是取之不尽的艺术宝库。在中国传统的建筑、雕塑、绘画、文字、日常用品及生产工具上都有体现，是中华民族智慧的结晶。在中华五千年的文明史上，体现了中华民族传统文化精神，并体现国家尊严和民族利益的形象、符号、色彩和材质，均可称为中国传统视觉元素。

中国传统视觉元素不仅仅是传统文化的一种体现，更是中华民族在造物的过程中的艺术体现。在现代设计中应用传统视觉元素，不应狭窄地定义为宣扬民族主义。在传统建筑、著名历史人文景观、民俗节日用品、手工艺、服饰、特色食品、传统戏曲、乐器、体育项目类、图腾、吉祥物等方面都有优秀的传统视觉元素，具体到物的形态元素层面，可以分为中国传统造型、中国传统色彩、中国传统材质几个方面。

（一）中国传统造型

中国传统形态的特点是奇巧方寸、平中出神、平中生韵、宜设而设、精在体宜，中国传统的设计总给人感觉不失为大气，不拘泥小节。从细节部分延伸到整体气质，以物质的东西展示精神层面的本质。往往一个精致的小器物所容纳的华夏精神是非常广阔的。中国传统建筑、绘画、雕刻和工艺美术中的形态，如斗拱、瓦当、陶瓷、玉器、明式家具等创造了丰富多彩的艺术形象。

明式家具以其考究独到的选材、科学合理的结构和舒展的线条为特色，制作工艺精细合理，坚实牢固，能适应冷热干湿变化。高低宽狭的比例或以适用美观为出发点，或有助于纠正不合礼仪的身姿坐态。装饰以素面为主，局部饰以小面积漆雕或透雕，以繁衬简，朴素而不俭，精美而不繁缛，通体轮廓及装饰部件的轮廓讲求方中有圆、圆中有方及用线的一气贯通而又有小的曲折变化。明式家具整体的长、宽和高，整体与局部，局部与局部的权衡比例都非常适宜。

（二）中国传统色彩

从黄帝开始历尽禹、汤、周、秦等，帝王们以五行（金、木、水、火、土）对应五色（白、青、黑、赤、黄），并以五行相克的天道循环理论来选择自己崇尚的色彩，并且赋予色彩贵贱、等级的区分。中国人在儒家推行的"礼"制色彩规范中以"五彩彰施"创造重彩为主的色彩观念，隋代百官穿黄袍，施行"品色衣"；唐代则又将黄色置于崇高无上的地位，规定除了皇帝穿黄色衣外，世人不得以黄色为衣；唐代二品以上服紫，五品以上服绯，由原来卑贱转为高贵；宋代以紫为贵；清代崇尚黄、红两色，紫禁城用大片的红色黄色作屋身，黄色作屋顶。

红色在中国传统文化中有喜庆、吉祥的含义。中国红、银朱和朱砂等系列红色是中国色彩的一大特点，传统艺术在色彩的创造方面有着极其丰富的想象力，体现在色彩的多样性，地域的鲜明性，金银的巧用化等方面。例如以"浓烈煽情的对比法"和"温情含蓄的调和法"最具特色，浓烈煽情的对比法中如红与绿，蓝与黄的强烈反差来营造一种对比力度，再用黑白、金银的间隔安插起到丰富的效果。在色彩安排的位置上也各不相同，有居中式、角隅式、散点式、满地式等。温情含蓄的调和法以相似、近似、同一的色彩配置，经过不同的色彩面积和方位的安排，产生温情而含蓄，雅致而恬美的装饰效果。而中国宗教色彩主要以金、橘黄、朱、蓝为主色调，其中安插了银（白）、绿等色调，彰显高雅华贵。

（三）中国传统材质

中国传统的材质有陶瓷、玉石、丝绸、剪纸、漆画等。六朝时期的青瓷，因其釉中含有较多氧化铁，在氧化焰中烧制成黄色，在还原焰中制成青色。

六朝的青瓷产地主要以浙江地区为中心，有代表意义的是越窑、瓯窑、婺窑、德清窑。青瓷的造型多种多样，已开始取代铜器和漆器在日用品中的地位。青瓷的主要品种有壶、尊、罐、碗、杯、盘、灯、炉、水注、魂瓶、唾壶和虎子等。陶瓷在中国传统材质中具有重要地位，隋代制成各种生活用品的陶瓷，其品种比六朝更为丰富。隋代器皿造型和六朝时期有明显变化和不同特征，出现了"龙柄双身壶"新品种。民间剪纸的审美意识是变形的，不求真实，善于夸张；不合透视，形体变形；不求物件形态毕肖，只讲简练传神；不求四肢齐全，讲究随心达意。唐三彩是一种低温铅釉陶器，因为它经常采用黄、绿、褐等色釉，在器皿上构成花纹、斑点或几何纹等各种色彩斑斓的色釉装饰，所以称为"唐三彩"。此外也有涂蓝色釉的，出土数量甚少，故较珍贵。因此，虽然称之为三彩，实际上并不限于三种色釉。

（四）中国传统图案

中国传统图案里的吉祥符号源于吉祥意识的产生。人类天生有追求美好幸福，祈望吉祥平安的意愿。吉祥意识的产生来源于古人对生活的不安定感。先人们对人类自身疾病、瘟疫和死亡充满迷惑和畏惧，以为是魔鬼侵入体内作怪，需要借助某一物或神帮助驱鬼逐妖、消灾灭害和保佑平安。因此，人们举行宏大场面的仪式，创造出他们认为能够保佑人们的符号和形象，作为家庭、氏族的保护神，这种具有神秘宗教背景的图案形象就是图腾。

中国传统图案和纹样是中国传统文化艺术的一种，以人物、动物、植物、日月星辰、风雨雷电等自然现象、文字、神话传说、民间故事和谚语等为题材，运用谐音寓意、象征、会意和吉祥用语等不同手法来绘成图像纹样，表现人们美好的希望和愿景。它与中华民族的文化心理及情感表达方式有着密切的关系，是图形和吉祥含义通过一定的美的形式的结合。

二、中国传统视觉元素在产品设计中的应用

随着中国社会经济文化的发展，中国设计正走向世界，现代社会的发展和制造技术的提高，工业化大批量制造的产品的统一性和用户个性化的消费需求之间的矛盾日益突出。现代化背景下制造的产品的文化内涵中国传统视觉元素在社会的各个方面所体现的价值越来越突显。优秀的具有中国精神

的产品，能让产品融合中国传统的视觉元素，让产品更能符合中国消费者的使用方式和审美偏好。

（一）应用传统纹样进行装饰

近年来，中国传统文化元素被应用于许多优秀的产品外观设计里。2008年举世瞩目的奥运会在中国举行，其火炬的设计方案以火炬接力标志、主题口号、核心图形和色彩为基础，以凤纹、祥云为创意来源，与北京奥运会景观系统协调一致。随着北京2008年奥运会"祥云火炬"的亮相，联想正式推出了全球首款奥运会火炬典藏版笔记本电脑，这是中国制造企业第一款以奥运会火炬接力为主题设计的笔记本产品。联想这款与奥运火炬相结合的"奥运会火炬典藏版笔记本电脑"的外壳以象征千年中国印象的经典的"漆红色"色彩和"祥云"图案交相辉映，视觉效果冲击力十足。

（二）从传统形态中获得产品造型灵感

中国视觉元素在产品造型设计中的应用有直接应用、提炼形象应用以及将传统的形态赋予新的材质、新的色彩加以表现，赋予产品新的功能。人们在感知这个世界时，形态占有非常重要的比重，人们在认知新的事物时，往往会跟头脑中潜意识的符号进行比较。熟悉的形态、似曾相识的感觉，都能让用户增加对产品的亲和力和感染力。所以设计师需研究中国传统文化里面优秀的形态，研究传统形态和用户的记忆、经验之间的关系，将传统形态转变为优秀的现代产品设计。

（三）传统色彩应用到产品设计中

虽然传统色彩的等级观念在现代已经不复存在，但数千年中国传统文化赋予色彩的审美体验和文化内涵已经深入人心。2008年北京奥运会发布的奥运会六种专用色彩，既能体现中国深厚的传统文化，又能体现现代北京的气息。这六种专用色彩分别是：中国红、琉璃黄、国槐绿、青花蓝、长城灰和玉脂白。传统色彩对于现代产品的色彩设计是一笔巨大的财富。随着高科技电子产品的研发和普及化，新颖别致的富有中国特色的电子产品越来越受消费者的青睐。电子产品中融入中国传统美学的原理和思想也是企业打造型象、提升客户印象的途径和手段。中国创造的核心理念，也必将带动和传播更多的富有中国传统美学的现代产品设计。三星公司2011年第一次完全面向中国消费者定制的"红韵"液晶显示器产品，从市场反响看，非常受中国消费者欢迎。很多跨国制造企业非常重视中国消费者的需求，为了适应中国本土的市场情况和消费者的喜好，推出中国定制的符合中国传统美学的现代产品。这些企业在中国市场上以中国消费者为中心，研究开发本土化的新产品，打造差异化的核心竞争力，为中国消费者带来特殊的使用体验。

中国正从全球制造大国向全球创造大国转变，以用户为中心的产品设计理念越来越受重视，设计开发出迎合中国人的审美观念的优秀产品，巧妙将中国传统文化里的视觉元素应用在现代产品设计中，大胆使用富有中国特色的造型、材质和色彩，迎合中国传统文化中的喜庆、成功、吉利和兴旺等意义象征，完美呈现了"中国精神"的华美与高贵，不仅符合中国人的审美，更给人吉祥喜庆之感，给中国用户带来全新的使用体验。

第二节　产品设计中的传统文化形态语义运用

一、中国传统文化符号在产品设计中的应用

中国是一个文化历史悠久的国家，有很多具有中国特色的元素，然而随着社会的发展，这些中国元素却被人们慢慢地遗忘了。作为设计师如果能通过学习和了解中国文化，从中获取设计灵感，吸取设计营养，把属于中国特有的文化发扬光大，那么中国设计就能够在竞争中取得一席之地，具有中华特色的文化也能够在世界文化的长河中源远流长了。因此，将具有中国特色的元素和符号应用到现代的产品设计中，是设计师们应该认真思考的问题

（一）中国传统元素的思考

作为中国传统符号，应该是积极向上的正面形象，应该是能够体现中华精神的元素，同时还应该是反映中国文化本质的符号。

第一，在思想上，理解中国传统文化的精髓就得先深入学习中国传统思想，中国人的儒家文化思想根深蒂固，"和谐、中庸、忠孝礼义"这些都是中国人一直崇尚的哲学思想，传达了中国人对真善美的追求，体现人本向善的精神实质。

第二，在形式上，汉字、斗拱、宫灯、图腾、皮影、白鹤、四圣兽、祥云、阴阳等，还有天圆地方的造型，呈中轴线对称分布的布局，都是一些能反映中国传统文化的符号。

第三，在色彩上，每一个民族都有属于自己独特的色彩情感，人们对于颜色的理解通常是跟民族的宗教信仰和神话故事联系在一起的，比如中国红就是趋利辟邪、欢乐喜庆的象征，而中国的绿色也有独特的意蕴，在中国绝对不能送绿色的帽子给男人，因为绿色的帽子象征着不好的夫妻关系。因此，颜色是有符号特性的。

第四，在装饰样式上，从商周时代的饕餮纹、北魏时期的莲花忍冬纹、北汉的四神纹和文字纹到唐朝的牡丹等都是那个时代的典型装饰纹样，无不反映着每个时代的时代背景和人文政治环境，因此，从装饰样式的角度来看，中国传统纹样的装饰不仅仅是表现在审美上，更多地是体现在特定时期的文

化环境内，这就要求我们在学习应用和借鉴装饰的时候要透过现象看本质。所以说，中国元素并不是一个一成不变的符号，而是一些具有中国深远文化意义的符号。

（二）产品设计中的传统符号

第一，产品设计要求将美观与实用功能完美地结合起来，而传统美学价值与现代产品设计有很多异曲同工的地方，比如石器时代的石器设计就是典型的例子。运用现代的设计手法将传统的文化符号合理地变形和融合，就可以有效实现设计文化的延续性，同时又不失现代感。

第二，一个产品如果能够取得成功，那么一定就是生动传神的设计，一定是能够体现一定的文化内涵的设计，也一定是能引起人们某种情感的共鸣。相反，如果产品设计只具备形式美而没有深层次的文化内涵时，也不过是惊鸿一瞥的感慨。而这种内涵通常就是一种文化的东西，一种能唤醒人内心深处记忆的东西，也是一种象征传统意义的符号。

第三，中国传统符号讲究图形的虚实关系和审美装饰性，通常这些符号呈现的是一种完美对称的布局以及相互融合和相互贯通的形式，体现了一种对和谐统一的追求和向往。而产品设计同样也讲究结构的均衡和统一，形式的连贯和呼应，产品的设计形式同样也可以从传统符号里面找到灵感。

第四，传统文化的符号通常是看起来简洁而实际意义丰富深远，运用传统符号将产品进行重新设计，以传统而又不失现代时尚的构成方法，创造出人文化、时尚化的产品。

所以产品中的传统符号应该是一种现代与传统的整合，是意义与形式的统一，而不是部分设计情况和内容胡乱地把传统文化的形式硬塞在没有对应意义的产品身上去。

（三）传统符号在产品设计中的应用

越来越多的人开始注意到中国传统文化的潜在市场，很多国际品牌在进入中国市场后，抢在国人前面挖掘出中国元素并且将之应用到产品的设计中，还在国内市场上迅速取得了很大的成功。本来属于中国自己的设计潜力却被外国加以利用，这对我们来说是悲哀的，因此作为中国的设计更应该将这些本土的设计符号进行传承和应用以实现产品的创新和文化的传承。

首先，中国文化里面有很多传统元素，但并不是每一种元素都可以应用到产品的设计中来，所以在应用传统文化符号时不能只是停留在表面，而要结合不同的设计背景和意义，合理选择适当的元素。比如说当我们需要设计一款公共休息区的沙发，要实现人与人之间和谐交流的功能，这个时候我们就可以以和谐与交流为设计点，探寻与设计点相关的符号形式。

其次，产品的形式与功能是相互统一的，有很多传统形式已经无法承载现代产品的功能，所以在进行产品设计时，应该打破传统形式的束缚，在不改变传统文化实质内容的前提下，融合现代社会流行的时尚元素，创造出新的传统符号形式，这才是传统符号应用的本质所在。

最后，作为中国元素应该是中国所特有的，它是一种能够被识别和记忆的，让人一看就知道是中国的设计。所以，在经济全球化和文化交融的时代背景下，产品设计要想在国际竞争中脱颖而出，就必须体现本土化的特点和创新，既要让世界都认识和接受中国文化，同时也要保留文化的精髓，不断地用现代方法进行创新。

随着中国 2008 年奥运会的召开，对中国文化的继承、发扬和对中国元素的发掘已经提升到了不可忽视的地位。对于产品设计而言，远不止运用色彩和造型这么简单，还需要顺应时代发展趋势，结合我国受众心理，从过去对功能的满足进一步上升到对人的精神关怀，继承、重视和发扬中国文化，在设计中融入文化，增加产品的文化附加值，那么中国的产品设计也必将会辉煌于世界。作为设计师应该正确认识我们的传统文化、传统符号，我们应该在进行创作时，应从我们自身的传统文化中吸取丰富的素材，创造出属于中国式的现代设计作品。

二、中国传统文化符号在产品设计中的情感表达

在现代生活中，人们对产品的需求不仅满足于功能，更加趋向于产品对于自身情感的满足，因此如何将民族传统文化以及地域特性融入设计当中，成为设计界关注的焦点，同时也能为设计带来新的灵感。而怎样运用民族传统文化，怎样让产品体现民族文化气息，运用产品设计符号学原理，能为我们将传统文化与产品设计结合提供一套系统而清晰地理论方法。

（一）中国传统文化符号的提炼与再设计

1."符号"的定义

对于"符号"一词的定义，各国学者对它的解释各不相同，在20世纪初，人们对符号的认识才慢慢地趋向一致，瑞士语言学家索绪尔提出："语言符号解释为'能指'和'所指'，即形式和情感。符号的能指和所指构成了事物的形式和内容。"学者德里达在符号学上认为符号存在着无限差异性，且符号具有不稳定性。分析发现在他们各自提出的理论也具有一定的共性，即符号的所指是事物意义或者情感表达的形式。

2.中国传统文化符号中"意"的延续

"意"一直是中华民族自古以来艺术家们所追求的，也是最能体现出中国传统文化的精髓，而在符号学中"意"即符号的"所指"，在很多艺术创作作品中，虽看不出元素其"形"却能心领神会其"意"，而这些都与符号的情感表达有关。比如中国的水墨画和毛笔字，便是对中国传统文化"精""气""神"的完美诠释。

在国内，将中国传统文化符号融和于设计中并不少见，但是对于文化和产品的结合方面还存在很多问题，比如对文化符号的应用大多流于形式，与产品的结合上未能找到其契合点，过于牵强。很多将传统文化与产品相结合的设计都是出现在学生的概念设计或者竞赛专题上，最终的产品商业化成熟度低。其次，缺少系统的理论方法的支撑，对文化进行"拿来主义"。再者，对于指导设计实践的设计理论观点也缺乏多元性。虽然我们已经意识到传统文化在设计中的地位和作用，但是在如何看待和评价传统文化的产品设计上的标准却过于单一。在文化日趋多元化的今天，大多数设计师和消费群体依旧以现代主义的功能性来衡量设计的好坏。

3.运用设计符号学原理体现中国"意"的情感表达

在现代化语境下，传统文化符号需要以新的形式存在，在现代产品设计中运用传统文化，我们需要对传统文化符号进行加工。运用设计符号学原理，在设计中根据自己对其文化意义的感悟，结合现代的审美特征进行重新编码，新的符号通过各种媒介被受众者接受。不同的接受者因其文化程度的不同，地域名族特性不同等自身因素，对符号所表达的意义有着不同的理解。因此在设计过程中，我们不仅需要对传统文化有较深的理解，而且在设计表达上也要针对用户群体来进行设计。

对于设计符号的类型，马克斯·本则曾在《符号与设计》一书中将其分为三类：图像性设计符号、指示性设计符号、象征性设计符号。书中提出："设计的图像性符号细分为抽象图像性符号、类比图像性符号、再现图像性符号。"图像性符号以物化的形式来传达其意义；设计指示性符号更趋向于让人清楚了解其要表达的意图；象征性符号是所指的事物具有紧密联系。通常传承文化或者文化释义是在象征性符号表达过程中的必要条件。

符号揭示了不同事物之间的相互联系，而符号学则关注的是符号所传达的意义，而设计符号学理论则是为设计实践作指导作用，设计者将文化以一种新的形式展现给符号接收者，让受众群体通过对新符号的解答了解其表达的情感或者意义，同时，作为设计师也可以运用逆向的思维方式去创作设计作品。对于一件表达传统文化的产品设计，产品本身的造型符号即是设计作品的明示意义，而隐含意义则传达了设计中糅杂的设计师自身对文化的理解，目标用户通过对产品设计中所传达的文化气息与自身对文化的理解产生情感共鸣，为民族传统文化的博大精深感到自豪。对此，传统文化符号作为传播传统文化的最原始的载体将不适用于现代人群的审美观念。因此，在符号的编码过程中，设计者不仅需要对传统文化有较深的理解，并且要考虑到受众人群对新的符号的理解是否能正确解答。

（二）传统文化符号在产品设计符号学运用

产品语意学作为产品符号学的重要组成部分，可以唤起制码者与解码者的共鸣，情感的激发，也可引起人们的行为反应。作为文化以符号形式在产品中的情感表达，从方法论的角度来看，我们需要对设计对象描述，对已有事物的特征以及人们对物的认识与了解，更要研究日常生活中物的象征品质，同时也要对设计对象的预期干预，要了解象征性的互动如何展开，了解意义如何改变，用户如何形成"界面习惯"，进而对设计对象进行创造。因此在进行以传统文化为元素的产品设计时，除了自身对传统文化的理解程度，也要对目标用户人群进行定位，要与目标用户之间对传统文化有一定的情感共通性，才能对在产品设计中将文化内涵以及自身的理解通过隐喻、换喻的认知理论等方式赋予产品设计中，为用户更加流畅地解答新的设计所表达的情感。

产品设计符号学理论则是在设计中对原有符号进行解码重构，其中所要表达的文化内涵即产品符号学中的产品语意。即通过经验或者思考推敲出造型形态与意义的关系，美国著名的语言学家曾将产品语意划分为四项内容：

"操作内容、创生内容、社会语言内容、生态内容"。操作内容是产品语意中最基本的内容，即产品的使用方式，是人与人造物之间的交互关系。创生内容是对于将传统文化与产品相结合对于产品而言，不仅仅是文化的传达以及功能的使用，并且包括了设计、生产和消费之间的网络。社会语言内容指的是人们相互交流所使用的特殊的人造物使用，以及与使用者之间的关联。因此在产品设计中，赋予传统文化的产品成为了一种特殊的语言符号，为人与人之间的情感交流起了搭桥的作用。生态内容则是为建立物质和文化象征的合理性，物质所支持的生活与文化的神话遗产的合理性，这样才能使人造物具有意义和活力。

在产品设计中，传统文化不仅是作为设计创作的灵感来源，更多的是通过一种新的语言形式来诠释传统文化，通过传统文化元素唤起设计者与使用者对中国传统文化的情感共鸣。

（三）太极符号的"形与意"在产品设计中的情感表达

太极文化不仅因为其蕴含着深刻的哲学道理，而且更象征着中华民族的"和"的精神。在产品设计中运用太极文化为元素进行设计已是司空见惯，但是在设计上如何避免拿来主义，则需要一套科学的理论方法来支撑。

在产品设计中，基于用户记忆和个人经验的物品联想，很容易引起用户的情感共鸣。目标用户对于产品设计所传达出来的文化内涵的解读与用户个体的性格特点、成长经历与知识背景有关。

通过论述，我们从传统文化的情感表达为切入点，通过对符号学的理解为与产品设计符号学理论如何将传统文化与现代产品设计结合提供了一些新的思路。揭示了符号学理论与产品情感化之间的关联性。由于中国传统文化与符号学博大精深，因此书中所论述的方法未必适合所有关于传统文化的产品设计，关于它的更多的理论知识的学习和研究，等待着我们的积极投入。

三、传统文化形态语义在产品设计中的运用

（一）形态语义学

语义学即探索研究语言意义的学科，是以符号学为基础，借用语言学中的语义学概念。形态语义学属于非文字语言的情感符号系统，其形态语言具

备表达信息和传递思想的功能特征，它基于人的感知体系，从外部认知事物的内涵特征，包括内在本质的含义与外部特征的关系，在表达过程中具有逻辑推理性和秩序统一性，其解读方法既服从社会习惯，又受普遍认知规律的制约。传统文化不是凭空存在的，"任何生命体的创造首先要有形态的物质基本要素。"通过人类文明的发展史——石器时代，青铜时代，铁器时代到现代文明开端的蒸汽、电气时代，及至今日的信息社会，可以看出人造物始终伴随着社会进步，是社会文明的评价标准，起决定力量的科学技术对物质文明和文化发展产生了极大的影响，为形态语言的发展奠定了基础。生产技术的革新使人类对自然的控制能力增强的同时也改变着物质需求标准，生活质量的提高与经济的快速增长进一步促进了精神文明的发展，此时人造物的需求不仅是为了提供使用功能，更多地成为精神层面的延续，一种文化的载体和象征。苏珊·朗格认为艺术是人类情感符号形式的创造，形式语言的艺术表现便是精神情感的创造性活动，并区别于其他艺术活动。

（二）传统文化形态语义

在我国传统文化中，对于生活艺术的趣味培养渊源已久，对感性生活的追求在历代文人身上都可以看到执着的坚守，并在他们的影响下各具特色，反映了在传统哲学思想熏陶下的古代文人，对仁义礼信高尚品格的追求。做工精致，形式简洁，体现了明式家具的造型洗练、形象浑厚、风格典雅的艺术特点。意义丰富且形态富有变化，通过对文字艺术的完美运用，显示出深厚的文化底蕴和卓越的审美品位。

美的目的是达到心理与视觉的平衡。在对历史文化的继承中，人们将对环境的理解抽象成为丰富的形式图案，寄托在居住环境的方方面面。例如，传统建筑中将固定屋檐瓦片的石雕刻画成仙人走兽的题材，满足使用功能的同时还有驱邪镇宅、保护住宅的寓意；园林景观的门廊被设计成"瓶"的形状，不仅生动美观，还带有"出入平安"的祝福寓意；保护住宅隐私的影壁上，装饰有意味"长寿多福"的龟纹，等等。时光倒退千百年，生活在没有现代科学技术支持的古人，沿承历史传统，将对自然现象的敬畏和对美好生活的期望，通过联想、双关等抽象方法对自然元素进行精炼、提取，并附加在日常事务上。经过反复的实践经验积累，完成人们对形式美的认知过程。这一活动不仅让物摆脱了单调与乏味，也与使用者之间建立情感联系，产生思想共鸣。

（三）产品设计语义

乌尔姆设计学院率先在 20 世纪 60 年代开始探索符号学在设计领域的应用，并在 80 年代作为完整概念被提出。产品语义学以研究设计对象的含义、符号象征以及使用的文化环境、社会心理等为学科任务，认为制造物不仅要具有特定的物理机能，同时还应该能够向使用者揭示或暗示操作流程，甚至构成一定的象征意义，从而自然融入生活环境中去。当新技术发展对功能表达的限制日趋减弱的时候，市场和消费者对多样性的期望，使以物为中心的"形式追随功能"传统单向设计模式，向以用户为中心的"人机情感"互动模式方向转移。一个好的产品，不仅有明确的功能意义表达，同时是象征意义与情感的输出。在产品的语义表达中需要考虑的是使用者认知行为的物理与情感需要，而不是拘泥于内在结构对外形表述的限制。产品语义学研究的是产品自身的一些符号，以及这些符号的表达方式。从认识论角度解释，人们认识事物总是先由外部开始的实践活动，通过对事物表象的感觉、知觉到实践活动，再上升到概念认识来完成对事物的理解。产品通过其外在形态，如色彩、材料、质感、图形等来强化产品的符号特征，从本质与特征来看，这与设计艺术形态语义本身的含义是一致的。

（四）传统文化形态语义在产品设计中的运用

产品设计是时代的艺术，在产品设计活动中存在设计者、设计对象以及使用者三个部分。传统文化的形态语义是对文化遗产的抽象概括，与设计活动相辅相成，构成反应某一时段人文面貌的人造物形态。运用在现代产品设计中的传统文化，须符合当下时代的认知模式和使用语境。首先是认知共识，与使用者建立共同的认识基础，包括感性经验认识与理性经验认识，以及社会经验认识。通过了解使用者的感知觉模式、审美趋向等内容，分析使用者的感性认知经验，形态感知语言的思想交流性会让使用者产生立体空间、运动知觉的感受，同时也会形成愉悦、痛苦、忧郁等情绪性反应。使用者在操作技术、知识等方面的积累则决定了其理性层面的认知方式。社会文化背景差异对语义传达同样起决定性影响。社会伦理情感语言包括对文化历史风格的承袭与怀旧，对生存环境的危机意识，道德理念与自身荣誉感。在充分了解文化原形的艺术特征之后，对其内涵做出分类归纳，再与生活使用环境做契合对比，以产品设计形式美原则为依据，抓取文化原形中的艺术精髓在设计活动中采用描摹与结构等艺术语义修辞手法，如"仿拟""联想及象征""比喻"与"借代"等，将传统文化融合到现代产品功能形态中。为其寻求新的价值观和审美体验。

随着世界交流日益频繁，不可避免的全球化浪潮向传统文明的个性化特征袭来，商品时代的快节奏消费也冲击着基础的文化土壤。我国的传统文化元素资源丰富，却大多因缺乏有效合理的开发利用而濒临消亡的边缘。存在于生活中的才最为深入人心，让传统文化通过设计活动走进人们的日常生活，用活动的市场给传统文化带来新鲜血液，才能延续文化的生命力。

第三节 产品设计中色彩的运用及规律

一、产品设计中色彩的运用及规律

在工作、学习和生活中，色彩和我们生活的密切程度，几乎到了密不可分的地步。从每天清晨睁开眼的一刻起，色彩便时刻围绕在我们的身边。衣食住行，没有任何一样能与色彩脱离关系，这都在很大程度上反映出色彩在我们日常生活中的重要作用。事实上，没有人可以生活在一个无色的世界中，色彩令这个世界变得五彩缤纷，它能改变世人的心情，影响人们对某种事物的看法。

其实，人类对色彩的认识和应用是在不断发展的。在原始社会，人类就能运用红色染料绘制壁画和彩陶，这是人类对色彩最早的认识。如今，色彩的设计多以计算机技术来完成。几千年的发展历程形成了色彩运用的规律，也显示出人们对颜色的某些固定看法，这都与人们的生活、文化密切相关。作为产品设计的色彩运用，也自然脱离不了色彩被人们所赋予的情感要素。因此，色彩情感是人们长期的经验和积累，也是人们对历史文化和现实生活的双重尊重。

（一）色彩的象征特性

色彩的性质，是对人们的心理和生理等方面具有多重影响力的。这种影响的反应，仿佛成了一种俗成的约定，同时也被赋予一定的寓意和联想，下面介绍一下各种色彩所代表的意义：

暖色系：红色象征活泼、积极、热情、新的开始等；橙色象征健康、活力、温情、积极等；黄色象征轻快、辉煌、光明、充满希望等。

冷色系：绿色象征自然、和平、理想、生机等；蓝色象征安静、优雅、忧郁、理智等；紫色象征高贵、神秘、迷思、刺激等。

中性色系：白色象征纯洁、素雅、神圣、庄重等；黑色象征端庄、高雅、严肃等；灰色象征中性、诚恳、包容等。

心理学家在研究人们对色彩的感知时，也留意到一种颜色通常不只含有一个象征意义，不同的人对同一种颜色会做出不同的诠释。随着年龄、性别、职业、所处的社会文化及教育背景不同，这一切都会使人们对同一种色彩产生不同的联想，但是色彩所表达的寓意和主体的象征意义是不变的。

（二）色彩的运用

产品色彩的设计与运用是一门学问，从深层次来说，更是消费心理学的集中体现，所以它在产品设计中具有极其重要的作用。产品设计作品，一般主要包含两个方面：造型设计和色彩设计。在这两个方面中，产品外观的造型艺术，对产品色彩的依赖，就直观显现得尤为重要了。人们对色彩是相当敏感的，当他们首次接触一件产品时，最先吸引其注意力的，就是产品自身的颜色，其次才是产品的外观造型。产品设计师最容易通过色彩，去表达他们对产品使用目标人群的定位和设计的理念，身为设计师，就必须懂得色彩的功能和妙用。

色彩牵涉的学问很多，它包含有美学、光学和消费心理学等。心理学家近年提出许多色彩与人类心理关系的理论。他们指出每一种色彩都具有一定的象征意义，当视觉接触到某种颜色，大脑神经便会接收色彩发放的讯号，即时产生联想。经验丰富的设计师，往往能巧妙地运用色彩，来唤起人们心理上的联想、视觉上的冲击，从而达到表达自己的设计和畅销商品的目的。

1. 简约色设计。以单一色彩或简约色彩进行设计（一般不超过三套色的运用），在色彩上能够较容易地掌握整体性的问题，使产品的形象更为鲜明，使商品具有较强的视觉冲击力和品牌表现力。

在简约色设计中需要注意以下问题：①如何紧密结合产品的属性和自己的创作意念，正确地选择色相和色彩系列；②如何根据设计概念和产品属性确定色彩布局和色彩的形状；③打破固有色的概念而进行大胆创新，要注意考虑到色彩的识别性和独特品牌感。

2. 协调色的设计。我们大家知道色彩可以分为三大色系，即暖色系、冷色系和中性色系，各个色系之间的色彩的调配都可以称之为协调色的色彩设计。而由于协调色具有色彩感知的连续性，所以往往会给人以赏心悦目、和谐、柔和的感觉，所以在产品的色彩设计中被广泛地运用。

在协调色的设计中需要注意以下问题：①要控制好协调色之间的对比技巧；②要在明度、纯度等方面多下些功夫，要利用好中性色的协调和过渡，达到承上启下、媚而不俗、柔和不怯的效能。

3.对比色的设计。对比色彩设计中，最常见的就是冷色与暖色的对比，以求色彩达到唤起我们视觉的兴奋点，对观感产生刺激、新鲜、活泼、生动等视觉印象。在色彩的对比关系中，根据色彩的物理属性，还有色相对比、明度对比、纯度对比等不同的对比方法。

在对比色的设计中需要注意以下问题：①尽量利用对比的关系处理色彩，要切实把握好色彩的主色调，并使主色调与产品属性和创作意念相吻合；②在色彩因素增多的情况下，要保持好设计要素的秩序性和完整性。

这里还要提到的是自从出现了计算机绘图软件，计算机俨然成了设计师最忠实的合作伙伴。看着设计师的双手在键盘上飞快地跳跃，计算机屏幕上的设计瞬间变化，色彩纷呈，情景煞是好看。无疑，计算机绘图软件使设计工作变得更加快捷和方便，设计师可以很快就把脑海中设想的东西具体化，可以做出多种效果，设计师可发挥的空间也相应增加。不过，在计算机应用普及的同时，我们不能否认一个事实，就是设计中的人性化部分越来越少，计算机设计所占的比重越来越多，作品看起来好像少了点感情，缺乏了人情味。

有些设计师过分依赖计算机，为客户设计时，不假思索，只在计算机上对产品的色彩进行调整，找个看起来顺眼的颜色便可。严格说来，他们还算不上是设计师，他们完全无视设计中最重要的一环：人脑的思维。电脑可以把图像做得很精美，但说到底，计算机只是设计的表现手段，而不是设计思路和思维的体现。假如所谓的设计师，只是在一大堆资料中临摹效仿，再东拼西凑地做成一件作品，那这种作品是没有设计感、没有美感可言的。正由于这样的设计表现方式，最后设计出来的作品很难唤起人们感官上的共鸣。

（三）色彩的规律性

在这里需要指出产品色彩设计的规律性是一种动态的规律性。一方面，它们来自于社会生活的习俗传统和地域文化的特色；另一方面，它们也随着社会生活的发展而不断地发展和变化着。

一般来说，设计师会把需要色彩设计的产品加以分类，如电子类、运动类、旅游纪念品类、文具、儿童用品等，然后对产品的色彩进行设计和搭配。这种分类方法是具有参考价值的，因为人们在一定程度上脱离不开商品的固有色概念，所以设计师也可以不打破上述色彩运用的习惯和潮流，只在色彩的搭配上做适当的改变或修正。但设计过程一定要考虑选择恰当的色彩系列，并有效地传达出企业的品牌精神，准确地表达商品的形象特征。

色彩的处理除了要遵循一定的原则外，还要考虑色彩的共性和个性，甚至也要考虑产品设计的独特性和概念性，矛盾之处就需要设计师来灵活掌握了。设计师除了要考虑产品的商业目的，还要考虑到流行色的运用，以及色彩的独特性和色彩的夺目性。流行色的运用，既是运用当下的流行颜色以提高人们对产品的注意，更是要把握当下流行的设计风潮，让大部分人群在这一时间段内，被深深地吸引和接受。

总而言之，世界上无所谓好看的色彩或不好看的颜色，只在乎设计师如何运用和搭配，如何把握规律和传递流行。设计师要运用崭新的观念去表现色彩的特色，设计和组合上都要带给人们眼前一亮的观感，引导观众进一步发掘色彩背后的意义。当然，最重要的是这个色彩可否增加商品的吸引力。大自然的无形之手给我们展示了一个色彩缤纷的世界，千变万化的色彩搭配令无数人着迷。一个成功的色彩设计，它是拥有生命力的，可以改变观者的情绪，激发出设计师更大的创作热情。

二、产品设计中色彩的表现与运用

工业产品的形式美是由造型、色彩、图案等多方面的因素组成的，在众多因素中，色彩居于举足轻重的地位，它相当于给产品穿上了华丽的外衣，在第一时间引起消费者的注意，并能给人留下深刻的印象。而产品的色彩设计也是决定着产品能否吸引顾客，能否为人们所喜爱的一个重要因素。根据有关的测试表明：人们一开始看物体时，色彩感觉的分量占80%，形体占20%，这种状态持续二十秒种之后，色彩占的比例渐渐降低，两分钟后，占60%，五分钟后，色彩、形体各占50%，以后，这种状态就将持续下去。由于色彩具有这种主动的、引人的感染力，能先于造型而影响人们感情的变化，因此，工业产品的色彩设计具有重要的现实意义。

在对产品进行色彩设计时，应注重运用色彩的生理学和心理学等相关科学理论，针对产品的不同使用者、不同时间、不同场合、不同地点等因素的要求，科学地选择色彩，正确地使用色彩，充分发挥色彩的视觉心理作用，为人们创造一个良好的色彩环境，从而提高人们的学习和工作效率。产品的色彩设计关键在配色上，成功的色彩设计应该把色彩的审美性、色彩的视觉心理与产品的实用性紧密结合起来，取得高度统一的效果。

（一）工业产品的色彩设计需要满足产品的功能要求

色彩与产品的形态、结构、功能要求达到和谐统一。例如消防车都采用红色为主体色调，这是因为红色让人联想到火，红色有很好的注目性和远视效果，使消防车畅行无阻，同时红色能振奋人的精神、激发人的斗志，因此，消防车采用红色充分发挥了其功能作用。家用空调、冰箱等工业产品，其功能是降温和保鲜，宜采用浅而明亮的冷色；卫生用具和医疗器械采用浅色；军用产品采用隐蔽自己、欺骗敌人的迷彩色和绿色，都是将产品的功能特征和色彩的功能作用相结合起来的选择。

（二）工业产品的色彩设计需要满足环境的要求

色彩设计时，应注意产品的使用环境，选择颜色。就地理条件来说，一般处在寒冷条件下工作的产品以暖色为好，以增强人们心理的暖和感和喜于接近的心理状态。相反，热带环境下工作的产品，则宜用冷色调的色彩，以中和气氛，使操作者感到心情平静。此外，设备安装的地点不同，色彩也应有所差别，工作地点比较暗的地方，应采用明度较高的亮色，温度较高的车间可采用冷调的色，以增加清凉的感觉，温度低的车间则应采用暖调的色，以得到暖的感觉。只有将产品色彩与照明环境协调统一起来，才可以获得预期的色彩效果，更好地发挥色彩的功能。

（三）工业产品的色彩与材质的关系

色彩在产品设计中很重要，而产品的颜色不是单独存在的，是和材质与表面处理一起构成了完整的色彩，使色彩和设计的关联就好比穿不同质地不同色彩的衣服来表现不同的气质一样。相同的色彩配置方案使用在不同的材质上，经过不同的表面处理后就会呈现出不一样的效果。色彩在不同的材质上给人们的感觉效果是完全不同的，这正是产品设计中的色彩运用区别于其他设计的色彩运用的最大不同之处。产品的色彩与材质是相互作用的，许多经典的设计并没有复杂的配色，而是更好地把握材质，简约而不简单。

（四）工业产品的色彩与人的关系

根据数据研究，人在十公尺内如果眼力不差的话还大概可以看到产品的形态和细节，而超过这个范围往往主宰人们印象的就是色彩，所以色彩给人留下的印象更深更长久，色彩是可以影响人们对产品的感受的，同时色彩对人的心理有很大的指导作用，它能引起人的共鸣、购买欲或偏爱性。然而，人们对色彩的使用也存在局限性和传统，我们要充分运用这种局限性针对不同用途的产品和不同适用人群的产品去定义产品色彩的方向，使人们能通过视觉直接感受到设计的意图，从而更好地体现产品的性质。

（五）工业产品的色彩设计要符合美学法则

工业产品造型的美学法则，主要包括：统一与变化、调和与对比、均衡与稳定、节奏与韵律、主从与重点、过渡与呼应、比拟与联想，等等。这些美学法则，在色彩设计时同样适用，而且必须灵活运用。

统一与变化的法则，就是使色彩整体协调，使设备从形体到色彩都有一个整体感。另外，为了增加色彩的变化和丰富造型物色彩的生气，要做到统一中有变化，允许在不破坏其整体效果的同时，做一些色彩上的适当变化，使产品生动活泼。产品色彩的平衡感由造型时感觉的轻重、大小、质感来确定，配色时的强弱轻重，这种感觉上的力左右着颜色面积大小，形成各种平衡。工业产品会用跳跃的色彩来强调某个重要的部分。配色时为了弥补色调的单一，可以将某个色作为重点，从而使整体产生活跃感（或紧张感）。色的节奏就是有秩序地保持连续的均衡间隔，也就是指色彩有规律的层次关系。产品配色切忌暗淡悬殊，冷硬过极，鲜灰失调，要注意色彩按层次和节奏的分布。

（六）工业产品的色彩设计与企业形象的一致性

产品的设计必须考虑到其品牌的标准色，做到只看产品的造型、色彩，不看 logo 就能知道是哪家公司的产品。将企业独有的色彩搭配运用在产品设计上是一个有效的宣传技巧，色彩给人以心理倾向被运用在越来越多的产品中，它能给人以不同的心理暗示，阐释不同的设计理念和品牌形象。可以说，形态是产品设计的灵魂，产品的色彩是设计的血液，所以产品的色彩首先要符合其本身品牌的特点，同时也要符合企业宣传的需要。

三、产品设计中色彩心理和情感的运用

随着物质文化生活水平的提高，人们的消费观念也在不断地变化，并向多元化方向发展。作为设计人员应该充分把握消费者的心理需求，才能使我们的设计色彩与消费者的心理产生共鸣。设计师只有充分研究人们在消费行为过程中的知觉与情感，探索人们的心理需求，把握消费者的心理，其设计的作品才能够更好地吸引广大的消费者。因此，研究并理解消费者的消费心理和消费行为的特征，让色彩心理和情感在产品中充分展现，才能体现设计的价值。

在产品设计中，任何产品设计都离不开色彩，其运用的好坏将左右产品的品位和销售以及人们的消费欲望。现代产品运用色彩来装饰外观，往往有增强产品形象的感染力，加强识别记忆，影响消费心理和传达一定意义的作用。在服装设计中，设计色彩也有举足轻重的作用，它是创造服装整体艺术气氛和审美情趣的重要因素。色彩的搭配，以不同的形式和不同的程度影响人们的情感因素。不同的色彩主题搭配不同的造型及面料，也常使人们对其产生复杂的感情，从而吸引人们的注意力，支配人们的心理活动。

（一）情感在产品设计中的含义

情感在心理学中是指人对周围和自身以及对自己行为的态度，它是人对客观事物的一种特殊反映形式，是主体对外界刺激给予肯定或否定的心理反应，也是对客观事物是否符合自己需求的态度和体验。

心理学家近年提出许多色彩与人类心理关系的理论。他们指出每一种色彩都具有象征意义，当视觉接触到某种颜色，大脑神经便会接收色彩发送的讯号，即时产生联想，例如，红色象征热情，于是看见红色便令人心情兴奋；蓝色象征理智，看见蓝色便使人冷静下来。经验丰富的设计师，往往能运用色彩，让人在心理上产生联想，从而达到最佳设计的目的。

（二）设计色彩需要情感魅力

当人们看到某一具有色彩的物体时，色彩作为一种刺激，能使人们产生各种各样的感情，这是人所共知的现象。顾客从来不会挑选他们不喜欢的产品，在中国，中秋节、春节的礼品盒的色彩大都以红色、黄色、金银色为主色，以体现喜庆、吉利、快乐、团圆、红红火火。黑底白色虽然做到了醒目

又易认，但在这些节庆的特殊日子里，却不能引起消费者的好感。因此这样设计失去了促销的功能。英国的一项市场调查表明，家庭主妇到超级市场购物时，由于精美包装的吸引而购买的商品通常超过预算的45％左右，足见设计色彩的魅力之大。不同商品有不同的消费人群，面对不同的商品、不同的消费人群，既要创造出有魅力的商品视觉形象，又能选择使消费者心理愉悦的色彩，是设计对色彩选择的特殊要求。

（三）设计中的心理因素

引人注意是产品造型设计的首位因素。注意是人的认识心理活动过程的一种特征，是人对所认识事物的指向和集中。注意现象不是一种独立心理过程，人们无论在知觉、记忆或思维时都会表现出注意的特征。从心理学研究分析，一件产品设计要想使消费者注意并能理解、领会、形成巩固的记忆，是和作用于人的眼、耳等感觉器官的产品的形态、色彩以及声音等条件的新奇性特征分不开的。

产品的造型形态、色彩等，对消费者来说都是一种视觉刺激，而这些刺激必须具备一定的新奇形象特征才能引起消费者的注意。设计师对产品造型做到醒目并不太困难，但要做到与众不同，又能体现出产品文化内涵和现代消费时尚是设计过程中最为关键的。成功的产品不仅能引起消费者情感和联想，而且还应当使消费者"过目不忘"。心理学认为记忆是人对过去经历过的事物的重现，记忆是心理认识过程的重要环节，基本过程包括识记、保持、回忆和再认。其中，识记和保持是前提，回忆和再认是结果，只有识记保持牢固，回忆和再认才能实现。因此，产品设计要想让消费者记住，就必须体现产品鲜明个性特性，简洁明了的形象，同时还要反映产品文化特色和现代消费时尚，才能让消费者永久记忆。以往的设计或许更多的与设计师的灵机一动相关，而现在的设计，设计的分工更加明确，设计的流程更加科学，同时人机工程学、语义学、认知心理学、色彩学、功能论、控制论、系统论等学科理论的成熟，也为设计得到满意的解决之道提供了保障和支持。

（四）设计色彩在设计实践中运用

设计色彩广泛应用于现代生活中，它丰富了我们的生活，给我们的生活带来生机和活力，使我们的生活变得更加富有情趣。

设计色彩在平面设计中是十分重要而富有魅力的艺术语言，借助它可以在一个二维的平面空间创造出惊人的视觉真实和独特的视觉效果。

在商品包装设计元素中，色彩冲击力最强，因为它首先引起消费者的关注而赋予商品包装特定的内涵和外表。因此，设计师应根据由自然色彩所获得的深刻感受，按照对消费者的情感需要，将设计思想熔铸在作品中，运用不同的设计手法与技巧，使色彩的艺术感染力得到最佳发挥，达到理想的境界，从而更好地表现设计作品的主题思想。就一个食品的包装而言，首先给消费者带来的是视觉与心理上的第一感受——味觉感，它的好坏直接影响到产品的销售市场。我们在对其进行包装设计时，应通过多种方法加以表现，使其造型和色彩相呼应，使食品的表现效果更加生动诱人，迅速抓住消费者的眼球，让人感觉到包装内的食品新鲜美味，产生立即购买的冲动。现在很多方便面的包装就是采用此方法尽力丰富表现，更好地吸引消费者。

设计色彩也是广告设计成功的重要因素，广告画面上人们首先看到的也还是色彩，然后才是图形和文字。鲁道夫·阿恩海姆在《艺术与视觉》中说到："说到表情的作用，色彩却又胜过形状一筹，那落日的余晖以及地中海的碧蓝色彩所传达的表情，恐怕是任何确定的形状也望尘莫及的。"因而，广告受众在观看广告的时候，广告中鲜明的色调很容易给人们一种冷暖的感觉，这种冷暖色调会直接把受众的感觉带入一种意境，使人们对广告产品产生好感。如空调广告，画面中营造出凉爽的空间，在夏日炎炎中，该广告使人产生拥有凉爽空间的欲望。另外，设计色彩还运用于书籍装帧、插画、标志等方面，影响设计与消费者的沟通。

设计色彩在环境空间中的应用也是十分广泛的。我们的环境空间离不开设计色彩的规划，合理规划设计色彩会给我们的环境空间创造和谐的视觉氛围。例如，人们在公共娱乐场所，应该感觉到欢快、热烈的色彩氛围，其色调设计不能让人产生压抑、悲哀的情绪，应大胆地采用对比色来表现。

其他方面，无论影视艺术还是戏剧艺术也都与设计色彩相关联，直接影响观众的心理，观众的视觉要求也将影响设计色彩地发展。

第四节 产品设计中的传统艺术的应用

一、产品设计的传统美学

不管是从产品语义学还是符号学的审美角度出发，产品的呈现无疑是展示物化美的一种方式和媒介。而产品设计不只是现代化的产物，其实自古以来，从曲辕犁到汽车，都可以被界定为产品设计，而美学在这其中占了不可或缺的位置。

（一）美与物相宜

一材有一材之用，一物有一物之性。物性不仅决定了所造之物的功能和安全性、使用寿命等问题，还通过物化的产物展示了造型美、形态美、符号美。以物为美，是阐释美的最好方式。道家一直主张顺应自然之性，这其中包括了对物的重视，材料相互间的搭配问题也必须体现与物性相宜的原则。材质是产品体现美除形态造型外最直观快捷的定位，材质展现了产品的品质或者设计者的设计审美角度。至少不可以破坏物性相宜的原则，否则在材质美上就破坏了原有可体现的元素。依靠这些知识，从古代工匠们到今天的产品设计大师，无一不把产品的材质美通过物化展现出来，这就是美与物的相宜性。

（二）美与人相宜

造物设计的根本目的是与人相宜、为人服务的，如果违背了这些原则，那么所有的东西不仅失去了美的价值，更丧失了设计的本意。人类的生理极限、生理机构、生理差异、心理活动、性格特点都是设计者需要予以考虑的因素，且不可忽视。使用者的条件与设计作品是否匹配，它的适用人群，解决了什么样的问题，这个设计存在的意义和目的，能否为所有人解决一个问题和能否为小众人群解决多数问题，这些都是产品设计师必须要考虑的问题。自古至今，发明创造都是带着解决问题的心态，但这是功能实现目的的机械设计更应该考虑的问题，而对于工业造型这门学科，外形因素就不仅仅是定义美的唯一因素，它的结构是否适合人们使用，它的存在是否最大程度上解决了问题,这些都成为一个工业设计师需要考虑的因素。然而这些都是隐喻的美,它的美不是直观的视觉冲击,而是以使用为平台,行为使用后带给人心灵愉悦之美,这种美的体现是设计带来的,是发自内心的美。

（三）美与时相宜

中国自古是农业大国,不管是为农业服务还是为工业服务,它的原则一直没有脱离以人为本,而长期以来手工业在中国是作为副业存在的,在很大程度上手工造物中的季节性变化直接影响了农耕生活,而这些也都影响了工业设计的设计理念,从而成了制约设计的一个限定的条件。诸如季节性的限制,需要考虑它的材质性,以及人的使用时段等,这些都是因时间而产生的限定因素。在某种程度上讲,时间也必须符合客观需要,这才是真正的与美相协调。

（四）美与礼相宜

正所谓心灵则手巧,在中国礼仪是传统美德的一种表现形式,而礼仪是发自人内心的一种涵养,而不是流于表面的一种身体力行行为,这也就要求人的美要发自内心。同样不容小觑的是礼仪的约束力,在中国传统的观念中,这也体现在每一个生活的细节中,而每一个细微的设计元素,其实都在和礼仪相互呼应。设计师不应因为它有旧的传统的一面就觉得设计被传统牵绊停滞不前,而应该结合新势力,考虑旧因素,找出既有历史感又有时代感的新设计元素,从而在道德美的层面上体现设计之美。

（五）美与文质相宜

中庸之道一直是中国人推崇的生存之道,自古就讲究文质平衡,文与质的争论一直不休止。究竟是质胜文则野,还是文胜质则史,就是内容与形式的孰轻孰重,换言之就是装饰与功能的矛盾关系,这和现代主义与后现代主义的火花一样,其实没有孰是孰非,只是看择者态度和喜好。在传统观念的指引下,就更加要求一名工业设计师要有造型和功能并重的才能。在了解结构工程师的工作之上,上升到对造型美的认知,使一件产品不仅仅成为时代快餐化的产物,而是从具象的物质体现抽象的非物质美,总体来说,文质对于设计品的体现是不可或缺的一点。

古往今来,产品设计师要承载时代的重任,既不可以落后于时代的浪潮,更不可以忘记符合客观传统，很多制约因素在这其中都成了无形的制约条件。从对美的认知的角度发散思维，转化为对一件产品的形态定位，继而研发出产品，使产品成为阐述美的媒介，让人们通过此体会美的语言。设计体现的美不仅仅是视觉上的冲击，对于产品设计来说，真正体会到的美是产品使用后带来的愉悦情绪，诸如产品带给人的便捷，产品替人解决的问题，产品在环境中所起的作用，这些都是产品体现美的方式。这些方式或许不只是外形带来的造型美感单方面可以决定的，而是以使用后带来的连锁因素，从而在产品中体现设计之美，这里大有别于绘画艺术，是在体验中获得美的享受，美学的最终目的也就是能带给人以美的享受，而产品设计是以人来体验，人来反馈，来帮助人得到愉悦心灵的美。

二、传统艺术在产品设计中的应用

近年来我国传统文化和艺术形式以独特的艺术魅力和丰富的人文底蕴吸引了国内外众多艺术家、设计师以及普通民众的关注，并在全球范围内掀起了"中国风"热潮。这股热潮对于加快我国从"中国制造"到"中国设计"的转型无疑是难得的契机，而如何将我国传统文化与艺术形式有机地融入产品设计，形成富有民族个性的设计风格则是把握这一契机的关键。剪纸艺术是我国典型的传统艺术形式，具有独特的艺术个性和醇厚的民俗文化气息，它对在产品设计中应用、创新的方式、方法等具有较高的借鉴意义。

（一）剪纸的艺术与文化特征

剪纸又称刻纸、窗花等，是一种镂空艺术，因材料低廉、制作简便以及具备较强的装饰性、适应性等特点，在我国民间尤其是农村地区广泛流传且经久不衰。剪纸的主要创作群体是农村家庭妇女，她们以群体特有的方式表达了处于社会底层的人们对现实生活的感悟和对美好生活的憧憬等。剪纸作品的题材贴近生活，表现形式随心所欲但又通俗易懂，朴实之中透射出群众的智慧，形成了与传统宫廷、文人艺术截然不同的艺术个性与文化特征。

1.剪纸的艺术特征

剪纸在我国分布很广，大致可以分为南北两种风格，两者在差异之外又表现出较大的共性，具有诸多相似的艺术特征。

（1）色彩特征。由于材料、制作工艺等方面原因，剪纸艺术难以运用色彩渐变、明暗对比等表现手法，所以剪纸作品以单色为主，同时剪纸作品以寓意美好、喜庆吉祥的题材为主，因此在色彩上偏爱红、黄等暖色系。部分彩色剪纸则大胆地选用对比色，通过冷、暖色系在视觉上与心理上的强烈刺激营造或增强喜庆、热闹的氛围，具有民间艺术的典型配色特征。

（2）构图特征。因剪纸不善于表现多层次的色彩、明暗，对物象的体积、场景的纵深等空间感的体现也比较困难。所以创作者往往打破时间、空间以及比例关系的限制，依据个人的生活经历、创作经验和艺术天性将真实世界的复杂形体以抽象、夸张的形态放置到二维平面上，通过形象的主次、虚实、疏密、聚散以及对称、均衡等形式法则构建美妙的节奏和韵律，增强形象的感染力，形成了独特的构图形式。

（3）造型特征。与西方传统追求写实的艺术风格相反，我国传统艺术在造型上往往不求形似但求神似，所谓"意到笔不到"，注重对物象神韵的传达。剪纸艺术因不善于写实性地表现创作对象，所以更为注重对其神韵的传达。为了实现这一目的，剪纸艺术往往会对素材进行由表及里的抽象化处理，以轮廓作为基本造型骨架，以装饰化的点、线、面作为基本造型语言，以夸张、变形、抽象等作为基本造型手段，形成独特的造型手法。

概括而言，传统剪纸色彩靓丽、喜庆，构图看似随意却符合对比、均衡、平衡等形式法则，造型抽象、夸张却善于表现物象神韵和美好寓意，是一种单纯质朴的民间艺术。

2.剪纸的文化特征

剪纸在历史发展过程中并非单纯地以艺术形式存在。剪纸产生于物资匮乏、科技落后的农耕社会，当时的民众遭遇天灾、人祸以及病痛等无法理解或解决的问题时往往求助于神灵，剪纸就是占卜、祭祀、祈福甚至诅咒活动中的重要道具之一。因此从起源来看，剪纸兼备一定的社会功能和实用功能，是我国古代神秘文化的组成部分。随着社会的发展，剪纸的神秘意味逐渐褪去，实用性增强，装饰性、艺术性不断提升，题材类型、表现形式、造型语言以及制作技艺等日渐成熟，在人们生活中的应用也越来越广泛和频繁。剪纸在用于祭祀、祈福或装点生活的同时，也承载了创作者的沉重情感和美好愿景，使得不同时期、不同地区和不同民族的剪纸呈现出不同的精神状态和社会风貌。总体而言，剪纸以表现幸福生活或期待美好未来的纳吉祝福、惩恶扬善等题材为主，以象征、谐音、暗喻等方式创作出寓意美好的作品，在我国的吉祥文化中独树一帜。简而言之，从文化角度来看，剪纸艺术是我国古代神秘文化和吉祥文化的组成部分，也是一种与民间习俗关系密切、具有浓厚乡土气息的民俗文化。

（二）剪纸艺术在产品设计中的应用

产品设计对剪纸艺术的应用必须在理解和尊重的基础上，结合当前社会的经济、文化、科技以及设计理念和表现手法等，从传承和创新两个层面应用其艺术特征和文化内涵，使产品既能满足人们的多元化需求，同时也成为延续和发展剪纸艺术的媒介之一。

1. 传承性应用——以符号化的形式语言、表现手法以及制作技艺等传承剪纸的艺术和文化特征。

剪纸艺术的色彩、构图、造型等是现代设计的重要素材，但对它们的应用不能停留在简单的复制、沿用层面，而必须将剪纸独有的艺术、文化特征转化为具有代表性和典型性的符号化元素。比如形式语言、表现手法以及制作技艺等加以应用，才能传达出剪纸特有的艺术韵味和文化内涵。有一款书立设计就较为综合地运用了剪纸的符号化元素：在色彩上采用了传统剪纸作品最具代表性的喜庆色——红色；在构图上主要以虚实、大小、高矮对比以及对称、均衡等剪纸最常用的构图形式；在造型上则采用夸张和变形等典型手法，虽然在细节和比例上并未完全忠实于原建筑，但由于突出强化了原型建筑最具个性的造型特征，因此很容易辨认。这一系列书立的设计者并非简单地使用剪纸的某种色彩、图案或造型，而是将剪纸艺术的配色、构图和造型一般规律转化为符号化视觉语言，较好地体现剪纸的独特艺术魅力，其不足之处在于未能表现剪纸的文化特征。

传统剪纸是一种民俗文化意味浓厚的民间艺术，其创作题材大都是老百姓耳熟能详或喜闻乐见的人、物、事以及乡野传说、神怪形象等，剪纸艺术天然的乡土气息有相当一部分源于题材本身，设计师同样可以采取类似的方式将剪纸的文化特征符号化。知名设计师刘传凯"城市·微风"系列作品中的"上海"就以剪纸艺术为媒介，将外滩、黄浦江以及浦东标志性建筑等人们所熟悉的上海景观微缩于一把小小的折扇当中。历经沧桑的外滩、黄浦江与意气风发的现代高楼相映生辉，传统与现代交错，历史与未来穿梭，令人产生恍若隔世的心理体验，也赋予了作品浓厚的人文情怀，体现了上海独特的城市文脉。这一设计是对剪纸艺术和文化特征符号化运用较为成功的案例。

2.创新性应用——基于现代社会创新剪纸的艺术、文化特征、应用领域以及表现手法等。

新旧更替是历史发展的必然趋势，传统艺术只有与先进经济、文化、科技、理念等因素相互融合才有可能在现代社会中传承下去，产品设计对剪纸艺术的应用也必须结合这些因素不断创新。

（1）创新剪纸的艺术、文化特征

剪纸作为主要流传于民间的艺术形式，往往给人乡土气息浓厚但雅致不足的感觉。在设计应用中，可以利用现代表现形式或通过更换材质、融入现代设计理念等方式来转变这一固有印象，赋予其时尚、雅致的新风貌。如上海创意团队 THEN 将窗花造型特征融入 U 盘设计，借以表达对春天、对希望的期盼，也体现了对传统艺术的敬意。但他们在设计表现上并不拘泥于传统样式，同样是点、线、面等造型元素的运用，THEN 团队显然更倾向于现代西化的表现形式，使产品具备剪纸传统艺术韵味的同时更富现代感和设计感。此外，该产品选用紫光檀红木作为主体材料，利用红木的尊贵地位提升产品的品质感和附加价值，满足消费者体现个人身份、生活品位的内在需求。该设计中还引入了现代绿色设计理念，第一期的产品计划利用红木家具厂废弃的边角材料进行生产，减少对这一稀有材料的浪费。该设计利用现代设计表现形式充分体现了剪纸的传统艺术特征，并融入现代科技、设计理念等元素，为剪纸艺术增添了典雅的气质和时尚的色彩。

（2）创新剪纸艺术的应用领域

对于剪纸艺术的应用还必须打破惯性思维的壁垒，拓宽应用领域。由于剪纸的主要材料是平面纸张，所以对剪纸的设计应用往往也习惯性地局限在二维平面之中，即使在产品设计也同样如此。但事实上，剪纸艺术完全能够以各种方式运用到三维空间中去，比如设计师雅安·亨利·伊冯的一组名为"SIMPLE"的创意家具通过巧妙的剪切将平面材料转换为家具，其灵感就来源于剪纸艺术中图与底的对应关系以及剪纸的制作技艺。2010 年上海世博会中的波兰馆则将剪纸艺术拓展到建筑设计领域，不但馆体大量使用了剪纸造型，而且利用不同色调、不同角度的光线营造出梦幻般的场景，给人留下了深刻印象。

（3）发掘剪纸艺术中被忽视的元素

剪纸艺术中尚有不少具有较高应用价值的表现手段、文化内涵以及题材内容等未受重视，需要进一步发掘并加以应用。比如人们欣赏剪纸艺术时往往停留于作品本身，却忽视了作品在光线照射下所产生的投影效果。事实上光影投射也是剪纸艺术的表现手段之一，甚至能够产生比剪纸作品本身更富吸引力的奇妙影像，传统走马灯就很好地利用了这一点。现代高度发达的灯光技术足以令投影效果更加绚丽、玄妙，能够营造出不同的氛围或意境，运用得当将会成为设计中的神来之笔。近年来出现的时尚产品星空投影灯就借鉴了这一方式，将星星、月亮以及其他图案投射到室内空间，通过旋转、变换灯光色彩、明暗等方式营造出奇幻、浪漫的氛围，深受儿童及年轻人的喜爱；而投影钟则将时间投射到建筑或物体表面，消除了普通时钟的体积感，产生与众不同的时空感。这些产品不仅将剪纸艺术的设计应用从二维平面拓展到三维空间，而且发掘出剪纸艺术中未受重视的表现手法，结合现代科技进行创新性应用，丰富了剪纸艺术在产品设计中的应用方式。

（三）传统艺术应用于产品设计的方式

综上所述，剪纸艺术应用于产品设计的方式、方法很多，直观地利用图案、造型等固然可以给产品加上剪纸艺术的某些外在形式特征，但未必能够体现其内在艺术韵味和文化底蕴。要做到这一点就必须深入了解剪纸艺术，把握其艺术个性、文化特征以及创作技巧、制作工艺等，为传承性或创新性的设计应用创造条件。在设计应用过程中则应根据不同的侧重点采取不同的方式、方法。传承性应用需将剪纸的艺术、文化特征等凝练为具有代表性和典型性的符号化形式语言、表现手法以及制作技艺等加以应用，以体现剪纸的传统艺术、文化特征为主；创新性应用则需结合当前经济、文化、科技以及设计理念、表现手法等现代因素，打破惯性思维的壁垒，不断发掘、创新剪纸的艺术个性、文化内涵以及应用领域等，赋予剪纸现代、时尚、高雅等新的时代特征和人文内涵，以创新发展剪纸艺术为重心。

我国的传统艺术丰富多彩，其艺术特征、文化底蕴等各具特色，应用于产品设计的具体方式、方法也不尽相同，但基本思路是相通的，即在深入了解传统艺术的基础上，根据传承和创新的不同侧重点采取不同的方式、方法加以应用，提升产品的文化内涵和设计品质，进而形成具有民族特色的"中国设计"。

第五节 产品设计的发展趋势

在无数的消费品生产领域中，新颖的设计成了一种主要的市场促销方式。为刺激消费，需要不断的花样翻新，推出新的时尚。随着科技的发展和生活水平的提高，产品设计的发展也越来越被关注和重视，尽管也许会有许多产品的设计形式不会被接受，人们依然对此抱有无限的遐想。然而，要想完善产品的设计，就需要在现有产品的基础上不断地探索未知、不断创新，寻找新的设计语言和理论，不断了解当前产品设计动态和趋势，只有这样才能逐渐完善产品的设计。

一、产品的绿色设计

（一）绿色设计的背景

众所周知，传统设计是以提高企业或公司经济效益为主要目的，很少考虑到产品在生产以及使用过程中对周边环境造成的污染和危害。环境在恶化，日益严重的生态危机逼得人类不得不加强环境保护，以确保人类生活和经济的可持续发展。在这种严峻的生态环境压力和迫切要求下，绿色设计应运而生。绿色设计观念主要可分为：目标层（以设计出绿色产品为总目标）；内容层（包括产品环境性能及材料选择和资源性能的设计）；主要阶段层（实现产品由生产到使用再到回收处理过程等产品生命周期各阶段）；设计因素层（设计过程应考虑的主要因素，包括时间、成本、材料、能量和环境影响等）。当前，绿色设计作为现代设计方法的一员已经成为当代产品设计领域的一个研究热点。

（二）绿色设计的发展

自全球生态失衡，人类生存问题逐步引起全球范围的强烈重视以来，绿色设计也在一定程度上得到了发展。总的来说，产品的绿色设计主要经历了以下几个发展阶段：工艺改变过程（减少对环境有害的工艺，减少废水、废气、废渣的排放）；废弃物的回收再利用（提高产品的可拆卸性能）；改造产品（改变产品材料、结构等，是使产品易拆、易换、易维修，降低能耗）；

对环境无害的绿色产品设计。

绿色设计涉及的范围很广，也是当今设计领域国际流行趋势。在产品的设计中，提倡尽量减少使用甚至不用有毒材料，而用无污染绿色环保材料取代，提倡废弃物回收再利用，提倡节能减排。如今，绿色设计在西方发达国家已经得到了广泛的认可和重视，并在很多企业得到了应用，取得了较为可观的生态经济效益。例如前瑞士联邦材料科学与技术建筑科学技术实验室主任马克·西麦尔曼先生和他的团队人员最近研究发展了 SELF 这个项目，这是一个有能力进行自我供能的工作和生活空间，该建筑可以完全不依赖于来自外部的能源和水的供应，体现了绿色设计在未来建筑上实施的可能性。但在中国，绿色设计作为一种新的设计观念，在理论方面还不是很成熟。然而，绿色设计作为一种新兴的设计思潮，必将成为今后产品设计发展的主要方向之一。

二、产品的人性化设计

（一）人性化设计的定义及发展

人性化指的是厂家在设计产品时力求从人体工程学、生态学和美学等角度达到完美，从而真正实现科技以人为本的目的。人性化设计是指在设计过程当中，根据人的行为习惯、人体的生理结构、人的心理情况、人的思维方式等，对人们衣、食、住、行以及一切生活、生产活动的综合分析，是在设计中对人的心理生理需求和精神追求的尊重和满足，是设计中的人文关怀，是对人性的尊重。

人性化设计的前期是人体工程学的出现和发展，首先是在工业社会中人类对人与机械之间的协调关系的探究，之后，人类开始运用人体工程学的方法和原理，在各种机动器械的设计中，考虑如何设计能使产品更方便人操作，如何设计能增强器械与人的协调性，并尽可能减少器械使人产生的疲劳，即协调处理人—机—环境三者之间的关系。

如今，社会的发展向工业和信息社会过渡，重视"以人为本"，为人服务，人体工程学强调从人的自身出发，在以人为主体的基础上研究人的一切生活、生产活动，而从中综合分析得出新想法和思路，在产品设计方面着重"以人为本"对产品进行设计。

（二）人性化设计的本质及其应用

无论在何种时代，人类的设计总是体现了一定时期人们的审美意识、价值取向、生活需求和情感欲望等因素。人性化的设计观念强调把人的因素放在第一位，强调人与产品、环境与社会之间互利共生的关系，从设计的目的来理解设计的含义，更深层次地来认识人类文明和进步的主要因素，使设计更富含人文关怀。例如，最近国外发明了一款名为 JUST ONE 的鼠标产品，其最大特点在于可更换鼠标尾端，不同消费者可调换其尾端找到适合自己使用的尺寸，且推出五种色系供消费者选择，该产品充分体现出了以人为本的人性化设计。如何评判设计的好与坏呢？在技术水平、市场需求、价值取向等诸多条件均在不断变化的今天，其实也很难有个评判标准，但是人性化设计中对人的关注将永远不会变。

设计的人性化贯穿于各种产品的设计中；设计也是有生命的，它蕴含在各类产品的设计和生产以及使用过程中。人性化设计的目的就是优化人类的生存环境，使产品更方便人类生活和使用。信息时代，随着科学技术的飞速进步和发展，人性化设计将会越来越显示出其重要意义。

三、产品的个性化设计

产品的个性化设计体现的是对于自我价值的理解和自我定位，无论如何个性化设计的对象是产品，也是商品，它必须进入市场。竞争的日益激烈，产品的使用周期越来越短，导致产品的个性特征和深入了解消费者心理特征已经被放到了产品设计的首位。著名的美国设计师罗维设计的"可德斯波特"牌电冰箱和"可口可乐"标志一直流传至今，他应用流线型风格设计了多种汽车、火车和轮船，成为了现代感的高速运动的象征。时至今日，现代设计已经全面渗透到社会的各个层面，小到随身听耳机的设计，大到鸟巢体育馆的设计等，都包含着人的创造性的设计活动。设计和生产的目的是为了满足人的需求，使人们的生活更舒适更方便，而个性化设计强调在产品的功能、形态、色彩以及质感等方面进行创新设计，因人制宜，为设计服务对象解决各种问题。

产品的个性化设计在产品设计方面不同于其他设计方法的是它具有强烈的个性，能给消费者留下深刻的印象，使消费者能通过产品的外观造型就辨别出其品牌，从而联想到企业形象领域也是一个重要的部分，它不仅在某种程度上满足了人们的精神文化需求，而且有部分设计已经改变了我们的生活方式。因此，在把握当今社会经济脉络和科技等条件基础上，该种设计方法大胆突破旧有框架，以全新的概念从整体出发，针对消费者开拓产品设计的新领域。正因为如此，产品的个性化设计才能真正做到以人的生活需要为基础，以个性鲜明的设计，突出风格统一的产品形象，从而做出有市场竞争力的设计，也正因为如此，产品的个性化设计也将是未来产品设计方法的主流之一。

四、基于软件建模的产品虚拟现实设计

在计算机问世以前，人们只能在脑海中想象着，或者将要设计的产品用笔画出来，这在很大程度上禁锢了设计师的思维，扼杀了许多好的创意。自计算机问世以来，各种建模软件尤其是三维软件如 3DMAX、Rhino、PRO/Engineer 等的普及在产品设计行业彻底解放了设计师的思想，以前的许多种设想如今已经成为可能。当今，计算机辅助设计已经实现了产品由实体模型向产品模型的转换。在计算机的帮助下，产品设计的过程变得简单，质量和效率也更高了。随着计算机技术的逐步发展，基于软件建模的产品虚拟设计将会加深人们对产品设计的认识，对人的设计思维也会起到导向作用。

在虚拟设计系统中，设计者能在虚拟空间看到设计目标，感觉其存在并与之进行交互，充分发挥想象力与创造力，使设计变得直接。例如在由瑞典、德国、英国和北美洲的多家公司联合设计的一种新型汽车上，通过 EMMA 系统发现有 200 个问题需要改正，避免了 50 次重大的设计更改，使这个项目节约了 500 万美元。整车数字原型大体由 2000 多个零部件构成，可以把它当成一部真正的汽车去进行技术评估。计算机辅助设计使设计者与设计对象的交互更便捷了，新产品的开发及试验费用也大大降低了，这在一定程度上讲也是一次产品设计技术上的改革，相信在将来，许多产品的设计会越来越依赖于这种改革。

时代在进步，人民的生活水平在不断提高，产品的面貌也日新月异，人们的价值取向和不同需求在更大程度上主宰了产品设计的走向，新产品也要不断地取代旧的设计，因而顺应历史潮流的产品设计必然会有一个大致上固定的趋势，即能满足社会大众需求的设计。这些新型的设计观念必将成为时代发展下设计的必然趋势和最终归宿。

第三章　产品设计造型与形态

第一节　产品设计造型基础

一、以创意为基础的产品设计

在科技进步和经济发展的基础上，工业产品的批量化、流水线生产每时每刻都在影响着我们的生活。由于技术的广泛进步、科技的日新月异，在产品的质量、性能、核心技术上的竞争愈来愈趋于白热化和同质化，但是产品设计的创意是所向披靡的利器。

（一）"旧瓶装新酒"，迸发设计灵感

有一个儿童玩具秤的产品设计，该产品设计中最为直观的印象便是色彩的冲击力和玩具秤本身的设计元素来源。无论是色块的组合和拼接，还是玩具秤的设计元素，都与孩子的天性有很大的亲和力。所以，在该玩具秤的设计中，主要考量标准还是产品的设计创意，其主要体现在将传统的玩具秤的托盘变成了极具象征意味的嫩芽和叶片，这不仅与孩子的成长活力有很大的联系，寓意生命的勃发与成长，也能够在形态上激发孩子探索的欲望，从而达到最大产品功能体现。在儿童玩具秤的设计中，具象化和抽象化因素的合理运用也是亮点，玩具秤将托盘转变为嫩芽和叶片，这是具象化的生命描述；而在砝码的设计中，则选用不同形状和不规则的物体作为砝码，这是对生命的抽象化描述。玩具秤中体现的不同设计因素和设计理念的融合，这种相对普通中杂糅的设计理念是当今设计界中比较常见的内容。同时，在砝码的设计中，也充分体现了童心，不同形态的砝码参照了生活中最为常见的物体，一方面能够提高孩子的认知能力，另一方面也能够在不同形态的组合中找到有序的感知。孩子对色彩和不同色彩的冲击力具有很敏感的直觉，该玩具秤设计利用了这种直觉并将其发挥到极致，简简单单的几个色块表达便将玩具的娱乐性表达得淋漓尽致。当然，该产品设计中颜色的运用比较亮眼，能够在色彩上增加玩具的识别度，使孩子最大程度上被玩具秤的色彩魅力吸引。总体而言，该玩具秤的创意来源是"旧瓶装新酒"，通过对一系列常见的玩具元素重新排列组合，便迸发出了奇妙的产品魅力。

（二）形态的"缩放"彰显数码魔力

电子产品的产品设计是产品设计中比较难以处理的类型，因为电子产品的更新换代更加注重科技感和现代感，而经典的设计元素已经体现在不同的产品设计中，要出新、出彩很不容易。对数码电子产品的设计中，最难处理的便是电子产品功能性和科技性的表达，在设计中不但要凸显电子产品的使用功能，还要对其科技理念进行总结和概括、升华。台式电脑的设计便很好地解决了这个问题，其最突出的设计元素便是通过台式电脑不同部件形态的放大和缩小，在实现电脑使用功能的同时，最大限度地突破了台式电脑的组合形态，实现了产品的出色设计。从该台式电脑的设计中可以看出，经过"放大"和"缩小"的电脑部件，重新组合在一起之后便极具现代感和科技感，实现了电子产品的产品设计特点。经过"放大"和"缩小"的不仅仅是电子部件，同样还是一种电脑功能的"放大"和"缩小"，体现了电脑作为现代化的办公用具，"放大"了视野和蓝图，"缩小"了距离和工作量，这是产品最终想要表达的设计理念。在"放大"和"缩小"的过程中，让电脑的功能性和科技性得到了很好的交融和平衡，最终达成了一种和谐的艺术美感。电子产品中对设计理念和设计方式的要求在这台电脑的设计中得到了很好的体现。值得一提的是，在该款台式电脑的设计中，并没有进行大尺度的整改和产品形态的变化，只是将不同部件的相对比例进行了修饰和缩放，便达到了化腐朽为神奇的效果。值得一提的是该款产品的色彩搭配同样比较出色，台式电脑简洁流畅的造型和淡雅舒心的色彩沟通勾勒出了时尚的生活方式。

二、意象造型设计在产品设计中的应用

意象造型设计作为产品设计的一种理论模式，其重要性正逐渐被现代产品设计师认识到，虽然我们频繁地用到意象造型来进行产品设计，却并不明确它的真正概念与含义。国内对其理论认识上的缺乏，使我们很难真正驾驭这种模式来为自己的设计带来更高层次的提升。造型、色彩与材料作为意象

造型的三要素，需要我们深入地理解，并且其对功能性与审美性的关注，同样需要我们去深入研究。

（一）意象造型

在历史中关注设计的人都提到过一个关键性的课题，人们是如何获取客观事物的信息的。人类的第一感知系统告诉我们，获取信息的主要手段是视觉上的，其次是触觉。鲁道夫·阿恩海姆的《视觉思维——审美直觉的心理学》中提到"视觉乃是思维的一种美的基本工具"。实际上，获取设计灵感的主要来源便是通过眼睛观察大自然，并通过思维转换，将这些具象的东西加以抽象而应用于实际产品设计中。而这些产品再被消费者观察、认知、理解的整个过程就是我们要讨论的主题：意象造型设计在现代产品设计中的应用。

从字面意义去理解，"意"与"象"都是一种主客观的交互过程，将现存造型通过设计师的思考过程抽象化为另外一种造型，这实际上是一种内容与形式、主观与客观、自然与文化的转换与创作过程。

"意象"二字可以追溯到最早的艺术创作中，它属于文化的内容，艺术家可以单单为了自己的灵感、风格和经验创作出至高的艺术作品。特别是在绘画作品中，其目的仅仅是满足受众精神层面的需求，例如在《独钓寒江图》中，为了追求空灵，也为了给观者更多的遐想空间，绘画者大量留白，整幅画面，只一条小船和点点水纹。然而，在现代社会的产品设计中，利用意象造型的方法来创作产品时，却不可能只为这样一个追求来完成自己的作品，产品设计的最终目的决定了设计师必须要考虑使用者在实际应用中的功能需求。好的意象造型设计带给人们愉悦心情的同时，还会让使用者感觉到它的舒适性，以及使用它会为自己带来的反思过程，这种反思过程是使用它之后带给自己的心灵慰藉，就像是品尝了一味设计大餐，其快感不言而喻。

（二）意象造型的元素

那么究竟该如何才能创作出好的意象造型，设计师需要关注哪些因素，这是需要我们来系统讨论的问题。

1.造型与材料在意象造型中的作用

从已经被发现的石器时代中的半坡文化遗址中，发现了很多带有鱼尾纹的陶器，其中以鱼尾纹陶碗最为出名，在历史的长河中，它已经有几千年的历史了。陶碗的表面布满了鱼尾纹造型的图案与线条，根据研究人员的说明，这与早期的图腾现象有很大的关联，人们希望通过这种方式向上天祈求可以获得更多的食物，当然也可以认为是古人在审美上的需求的一种诉诸方式。

比如在碗的设计图中，碗表面的纹饰充满了大胆的想象，线条自由流畅，以碗底为中心向四周扩散开去，碗口呈扁曲状，这绝非单单为了造型上的美感塑造，而是出于功能的需求，这样处理的碗口不容易发生破裂问题，并且易于饮食过程的进行。

另外要提到的是它的材料，这也是我们祖先智慧的璀璨之处，他们能够通过对自然的观察，挖掘其中可用之处加以模仿，变为自己可以生产使用的器具。陶的特性在于其间充满了管状的气孔，用这种材料做成的器具保存的食物既能保持干燥，又不易变质。究竟这种材料是如何被发现的已经无从考证，但是它带给人类文明进程的关键之处还是被现代人类认识到，这种在材料与造型上的双向成功使它成为新旧石器时代交替的里程碑。这不仅使我们看到古人智慧的璀璨之处，更让我们懂得了其中的精髓。从另外一个角度理解，古人在几千年前就告诉了我们，意象造型设计中对材料与造型的双向关注才是产品设计中应该注意的因素，既包括审美层面的，又包括技术层面的。

自然中的造型元素丰富多样，如何才能选择性地将其转化到实际的产品设计中，是需要设计师思考的问题。

2.色彩在意象造型中的作用

宋朝钧瓷乳浊青釉碗在造型上与石器时代的陶碗无太大区别，只是取消了扁曲的碗边设计，取而代之的是在碗口镶上一层金边。然而代表这个时代工艺的却是碗的釉色，色彩虽然是单一青色，但却极富韵致，明度和纯度上均匀地过渡，通体晶莹。这种色彩的变化是中国瓷器的代表特征，这也反映了前人对于这种色彩的喜爱。这其中隐含的意义也不常被人提到，天青之色，在中国是权力上层的附属色，含高贵典雅之意。从现存的古代瓷器看来，也的确给了我们这种感觉。

对于现代的工业产品而言，不同色彩代表了不同的含义，黑色和紫色就有厚重高贵和神秘的感觉，浅色调则有明快、活泼的感觉，这种色彩所隐含的内容也是意象设计中所要注意的元素之一。

3. 功能性与审美性在意象造型中的作用

有的时候意象造型设计会与产品的实用性发生抵触，这种情况的结局要么就是产品消失，要么就成为经典。第一次接触飞利浦·斯塔克的柠檬榨汁机，很难将它与任何一个产品联系到一起，其怪异的造型让人唯一可以联系到的就是一个八爪鱼，使人有种受威胁的感觉。即使在告诉你它的功能之后，你也很难想到应该怎样使用它，至少我当时是这么觉得的。它的奇异不仅仅是在形状上，在材料的性质上也与它的功能格格不入，镀金的外层根本不适合用来榨果汁，其后果就是酸性液体很快腐蚀它的表面。这种形式与功能的背道而驰引起了很多现代主义者的强烈抨击。然而，购买它的人又有几人真正用它来榨汁呢？它所引起的好奇心，已经足够让拥有者感到自豪，谁拥有这样一件产品，必然会让自己变得与众不同。它提高了厨房用品的趣味性，让平常的生活变得不寻常。虽然在行为水平上可以为这样一件产品打零分，但在本能水平的设计上得了满分。其实，有谁会关心它使用起来会不会舒服呢？

在功能和实用性上，这的确算不上是一个好作品。但是它激起人们的想象与思考却又是我们需要关注的，它让我们重新审视什么是好的设计，这就是意象造型设计带给人们的魅力。

惊世骇俗的作品注定是要由一些惊世骇俗的人来完成的，我们应该抱有一种宽容的态度，允许这种设计的存在，然而在关注设计多元化时，我们更应该看一看在功能与形式上取得双重成功的产品。

摩托罗拉公司的 NFL 二代耳机便是一个很好的例子。耳机设计之初便有了明确的目标定位，他们要为团队运动中的领导者而设计，并且这个领导者领导的是美式足球运动员——团队运动中最高大最强壮的。耳机的定位也是这样，它必须看起来很强壮。将这一概念意象化到产品外观造型中，可以想象它的结果。事实也的确如此，耳机的整体结构看起来很粗壮，封闭式的耳罩可以将耳朵整个包住，就连麦克风也设计得粗大。这些设计没有一个是无意义的，每一个细节都是经过考究而应用到设计中。耳机的佩戴者需要在几个小时里都感到它佩戴起来很舒服，可呼吸式的封闭耳机和特殊材料的使用，再加上符合人耳造型的耳机外观造型使这一目标轻松实现。教练们为了防止"读唇"的发生，要求麦克风被设计得大一些，设计者考虑到在比赛过程中耳机会被频繁地拿下和戴起，将麦克风和支架外层都包裹了一层弹性塑料。

在表面处理上设计师为耳机头部支架涂上了一层有金属光泽的表面漆，这使得产品的科技感和精密感凸显出来。

这里提到的所有细节设计都是由原先的设计理念引发出来，概念化的想法，原始的理念如何成功导入产品的外观造型，这就是意象造型设计过程需要解决的问题。在外形、材料和色彩三个方面来考虑，为了一个目标而进行。这款耳机的设计得以成功就是这样，从实际应用角度出发，审美被放在次要。

（三）深入理解造型、色彩与材质三要素在意象造型设计中的含义

人们对客观物体的把握在第一感知系统中主要靠视觉来获得，其余则由触觉负责。观察一件产品时，最先被人认知的是造型与色彩，在得到相应的满意度以后，便会试着去感受一下它触摸起来如何，而这主要靠材料的特质给予支持。也就是说造型、色彩和材料是一个被感知的过程，在意象造型设计中，这同样是三个主要的组成要素。意象造型设计的最终目的是让产品自身通过自己的语言将自己所拥有的东西传达给受众。明确的造型、色彩和材料，能够快速地让消费者接受它，在体验设计过程中，使用者也同样会感受到它的魅力。即不论是在感知过程中，还是在体验与反思过程中，受众都能很清晰地感受到它所带给自己的价值，这在设计上是一件成功的作品。好的设计师懂得如何运用意象造型设计中的三要素，明确主次，不会出现让人思维混乱的局面。它传达给消费者的信息是："它是一件多么诱人的产品，它用起来一定很舒服。"因为有了明确的造型、色彩与材质，好的产品在功能上不言自明。

1. 造型在意象造型设计中的含义

造型作为意象设计中的要素之一，可以被认为是首要的。造型成功与否，可以直接决定设计师的命运。自然中的形态决定了人们对不同造型视觉特征上的关注，设计师通过造型的组织、结构与表现形式来突出产品的特征，这样便会使产品的意象造型语言更有表现力。例如酒架设计，因为设计师的灵感，将造型变得生动而活泼，使普通的生活变得有趣起来。这不单单是造型的简单改变，实际上它是设计师对造型语言的理解。

2. 色彩在意象造型设计中的含义

色彩作为产品设计的元素之一，在意象造型设计中起着至关重要的作用，视觉上信息的获得，色彩最直观也最富感性色彩。例如在餐具设计中，设计

者给予产品表面不一样的色彩，并且这些色彩是和一定的文化背景联系在一起的，透过这些素雅的颜色，我们感受到了生活中的一丝丝宁静。这就是色彩能够带给我们的感受，它通过自身的特质将产品的美与内涵传达给受众，并且经过人们的经验来判断它所表达的含义。

3.材料在意象造型设计中的含义

材料虽然在产品设计中可以被认为是辅助造型与色彩的要素，但是反过来，它对整个设计过程又有着决定性的作用。如何选择合适的材料来表达和实现设计构想，这一直是设计师努力探求的一个问题，特别是在意象造型设计中，为了表达产品的含义，材料所表现出的质地、光泽、软硬程度等都是实现最终设计目的的关键部分。例如书夹设计，因为采用了特殊材料，表面采用磨砂工艺，使得产品很容易被人们理解并且接受，这些固有属性传递给人们的信息是随着材料的变化而变化的。材料能够对人们的心理和生理通过自己所独有的视觉和触觉上的属性造成影响，因此合理地取用材料是意象造型设计的重要部分。

（四）意象造型设计在产品设计中的价值体现

在进行产品设计时，我们基本都明确"形式追随功能"这样一个大前提，这在意象造型设计中同样需要明确。功能目的的实现是一件产品存在的现实前提，失去了这样一个支撑点，那这件产品只能被称为艺术品。造型、材料和色彩这三要素的存在都是为了实现和明确意象造型设计中的功能部分。反过来，功能同样是意象造型的物质基础。通常说来，产品的功能部分主要是指机械性能，是否能够实现开发的初始目的是衡量的标准，没有功能的意象造型也只能是空有其表的泡沫产品。对于现代产品而言，我们同样会涉及用户界面部分的功能，合理的造型会从舒适性上满足用户的需求，这通常和人机工程学有着很大关联，目前绝大多数设计公司都意识到这种功能的重要性。

一个品牌的形成，其实就是在综合了造型、色彩和材料因素的基础上，带给用户的一个综合映像，所以可以说，一个品牌的树立，其实就是在创造一种自己的意象造型，一种统一而区别于其他同类产品的映像。提到苹果产品，首先让人想到的是它精美的外观设计，超越同类产品的性能表现和让人惊艳的色彩映像，同时还有一种被社会认同的感觉，iPhone 从面世到现在不过短短数年，但已经被认为是一个具有里程碑式的设计，它带来的不仅仅是卓越的产品造型设计，更多的是让这一品牌获得了更广泛的认知度，它告诉人们，"苹果"等同于最新的设计趋势与追捧对象，这就是品牌意象带来的效应。如今，品牌所代表的不再仅仅是一个名称、符号，它代表了一种生活方式，反映了一类人群的审美偏好和价值观，同时品牌所含有的隐性文化特质控制和指引着人们的购买方向，使社会上出现了一批愿终其一生来追求某一品牌的品牌崇拜者。这些都使公司愿意花费高昂的代价来进行自己的品牌包装和推广。

意象造型设计在进行之初，就已经被赋予了一定意义在里面，它要求所设计的产品有更加深刻的内涵，它不是为了博人一笑而被创造出来的，它有着更加耐人寻味之处，在消费者体会到使用产品带来愉悦的同时，还会被它引发出的思想层次的思考而折服，这也是自身的设计目的。形态、色彩和材质虽然传达着产品的功能、美感和品牌意象，但其深入的思想内容需要人们通过反思过程来理解，这也是意象造型设计的不易之处，也是我们要努力的地方。

三、三维造型技术在产品设计中的应用

经过漫长的发展岁月，产品设计手段在不断地提高，不断进步，不断成熟。从最早的手工绘图，到现在的广泛使用计算机辅助设计来进行产品的设计，三维造型技术已经成为现代产品设计方法的主流。工程设计业和制造业已经进入到了三维设计时代，并得到了广泛的应用，三维设计被越来越多的设计人员所接受和认可。因此，三维设计软件应用人才的需求更为迫切，培养社会需求人才已成为我们急需解决的问题。

（一）三维造型的意义

1.三维造型能准确地表达技术人员的设计意图，更符合人们的思维方式和设计习惯；能组建进行有限元分析的原始数据，从而进行几何形状的优化设计，并能实现 CAD/CAE/CAPP/CAM 的集成；能够通过着色和渲染功能得到设计方案的三维效果图，使得设计人员和决策人员能全面准确地了解其外观，有助于设计的决策，缩短周期，加快产品开发；能够分析产品的动态特性，对工程项目的成本进行预算；三维造型设计是实现设计、制造一体化的基础，

为工程设计带来巨大的变革，把设计推上前所未有的高度。

2.三维造型技术的优势。三维造型技术之所以能迅速成为 CAD 技术的主流，是因为它有许多传统的平面二维设计所无法比拟的优越性，人们头脑中所构思的设计对象就是三维实物，三维设计对结构描述更加真实、更准确、更全面，克服了二维设计中可想而不可见的缺点，是技术进步的必然趋势。

①三维造型比二维图形更接近真实对象。

②三维造型可以转变多个视图，并可标注带有尺寸的二维产品图，从而获得二者的最佳形式。对于模型的任何修改将自动反应到相应的视图上。

③三维模型可生成具有真实感的渲染图。产品图示是非常有价值的，单渲染图常常可以清楚地展现一个设计，并有利于找出设计缺陷和验证设计。

④三维造型软件可以通过第三方的程序将模型转换为数控加工的格式。

3.目前比较流行的三维造型软件介绍。

①CATIA 是法国 Dassault 公司发展的一套完整的高档 3D CAD / CAM / CAE 一体化软件。支持复杂曲面造型和复杂装配。零件间的接触自动地对连接进行定义，加快了装配件的设计进度。CATIA 与 ANSYS 之间有非常好的接口，CATIA 的零件可直接转化为 ANSYS 可以兼容的模型，为复杂有限元分析提供了较好的平台。

②UG 是高中档软件的杰出代表，功能模块齐全，是 Unigraphics Solutions 公司的拳头产品。优越的参数化和变量化技术与传统的实体、线框和表面功能结合在一起。UG 一个最大的特点就是混合建模，在一个模型中允许存在无相关性特征，可以局部参数化曲面造型。在曲面造型、数控加工方面是强项，但在分析方面较为薄弱。UG 软件中的 UG / Routing 模块使得管道、管系、导管、水道和钢结构等走线应用的装配件建立更加方便快捷，在水利、石油、化工及各种液压系统等工程中的应用逐渐广泛。

③Pro / Engineer 是美国参数技术公司的产品。PTC 公司提出的单一数据库、参数化、基于特征、全相关的概念改变了机械 CAD / CAE / CAM 的传统观念。该软件操作较为复杂，存储空间大，但二维绘图工具不完善。Pro / E 中的 Toolkit 是进行流体机械(泵、水轮机、喷灌机、风机、压气机等)计算机辅助设计及结构分析的良好工具。

（二）三维造型技术在产品设计上的应用

1.零件的建模。CAD 的三维建模方式有三种，即线框建模、表面模型和实体模型。在许多具有实体建模功能的 CAD 软件中，都有一些基本体，如长方体、球体、圆柱、圆锥体、圆环等。对于简单的零件，可通过对其进行结构分析，将其分解为若干基本体，对基本体进行三维实体造型，之后再对其进行布尔运算，可得出零件的三维实体造型。

对于有些复杂的零件，往往难以分解成若干个基本体，使组合或分解后产生的基本体过多，导致成型困难。所以，仅有基本体系还不能完全满足机器零件三维造型的要求。为此，可以构造零件的界面轮廓，然后通过拉伸或者旋转得到新的基本体，进而通过布尔运算得到所需要零件的三维实体造型。

2.产品的装配与仿真。装配时从最低层次的子装配体开始逐层装配，直至最上层装配体。采用这种方法便于数据管理，能减少各层次装配元素的数目，降低分析的复杂度，便于对模型进行快速有效的修改。产品装配与机构仿真是三维造型的一项重要功能。当设计师进行产品组装与机构仿真时，能将设计师的设计意图直观地进行表达，可以以动态的方式将产品进行模拟地运行，也能从中检验机构是否存在不合理的干涉、自由度不满足等缺陷。该项功能对设计师提供了重要帮助。

3. TOP-DOWN 设计。在 Pro/E、UG 中给我们提供了一种十分方便的设计方法——TOP-DOWN 设计。TOP-DOWN 设计是指从已完成的产品进行分析，然后向下设计。将产品的主框架作为主组件，并将产品分解为组件、子组件，然后标识主组件元件及其相关特征，最后了解组件内部及组件之间的关系，并评估产品的装配方式。掌握了这些信息，就能规划设计并在模型中体现设计意图。

TOP-DOWN 设计有很多优点，它既可以管理大型组件，又能有效地掌握设计意图，使组织结构明确，不仅能在同一设计小组间迅速传递设计信息，达到信息共享的目的，也能在不同的设计小组间同样传递相同的设计信息，达到协同作战的目的。这样在设计初期，通过严谨的沟通管理，能让不同的设计部门同步进行产品的设计和开发。

三维造型技术，是目前产品设计中最流行的设计手段，通过三维实体设计提高企业的设计水平，已经为大多数企业认可，但如何将三维实体技术应用于加工制造，更加明显地体现出三维实体技术的经济效益，是目前所有企业面临的问题。三维实体设计作为一种先进的设计技术，已经在众多的机械制造企业取得了重大的成功，特别是通过三维的动态仿真技术，提前杜绝了多数的设计问题，企业能够取得明显的经济效益。近年来随着国外先进三维设计软件在模具行业不断应用，众多模具企业纷纷采用三维实体设计手段，模具的设计水平得到了较大的提高。

四、学习课本"产品造型设计基础"的课程内容

由于受到"现代功能主义"的影响，目前该课程的内容设置是以产品造型的制约为主线，凡是影响到产品形态的因素如结构、材料、工艺等都会在课程中讲述。这样的后果是学生过度地关注什么样的产品造型成型简单，什么样的产品造型材料加工简易；在造型设计训练阶段具体表现为以形态的约束条件为出发点来设计造型，设计出来的造型都趋向小型化、薄型化、盒状化、板状化等现象，导致不能挖掘运用更多的产品造型语言，作品缺乏想象力，造型创新能力不足。实际上各高校的工业设计专业对这些制约要素都有专门的课程来讲授，如色彩有色彩设计课程、机械有机械设计课程、材料有材料与工艺等。因此作为一门专业基础课程，完全可以让学生发挥想象力，摒弃约束条件的"限制性"指导，从而使得造型设计课程"返璞归真"，回到真正对"形态"的研究。因此课程目的应是培养学生善于观察与分析形态能力和对形态的创造及推演能力，而不是以对形式美法则和形态约束条件的学习为主要目的，应紧紧围绕"形态"为中心进行教学研究。

（一）建立以"形态"为中心的教学内容体系

围绕课程目的，势必要缩减功能、材料、色彩等制约要素的课程内容，加大对形态本身研究方面的内容。因此我们提出了一个全新的课程内容模块体系，主要包括形、态、意三个模块。

1. 形模块

形是指产品的形体，如方体、圆柱体、流线体等，它是创造产品的出发点，也是产品造型研究的落脚点。这个模块包含形的秩序、形的结构、形的特征和形的过渡四个子内容。

形的秩序研究隐藏于产品造型背后的形态数理和分形秩序，旨在培养学生设计合理的比例尺度产品形态。

形的结构研究产品各体块之间的直观结构，培养学生正确处理形体结构关系的能力。如无叶风扇可以看作由一个圆柱和一个圆环两个形体组成。圆环是该风扇的出风部分，置于圆柱之上，内部有动力装置的圆柱部分则位于下方。任意改变一个形体的大小、位置、形状都会使该风扇呈现出不同的外观效果。

形的特征以空间线条的角度探讨产品造型的特征，探讨研究产品独特外形的生成形式，培养学生对产品形态把握能力。形的过渡主要研究形与形之间的接触方式，它往往体现出一个产品是否有细节，一个产品是否显得精致，主要培养学生的深入推敲能力。

2. 态模块

态是指产品的形所表现出来的直接反应，是人对产品的下意识情绪的表达，主要分为静止之态和动感之态两块内容。

由于设计需求的不同，一些产品要让人感受到静态平衡，而一些产品则需要让人感受到动态平衡。动态的研究有助于培养学生设计不同表情形态，以适应消费者的情感需求。

3. 意模块

意以形和态为基础，是指隐含于产品的内涵意义，是人与产品更进一步交流的结果。意主要包括品类认知、使用操作和风格表征。

一般而言，每一类产品都会形成自己所在行业的产品外形特点，这就是意的品类认知。品类认知研究不同行业的产品特点，培养学生设计的产品外形要符合该类产品的一般规律，并且能够有自己的设计特点。

使用操作需要学生研究产品的功能导向和人的操作模式，从而能够设计适宜的形态，方便人们的使用。

风格表征旨在让学生研究不同风格的形式特点，并能转为自己的设计语言，根据消费者需求设计出相应风格的产品。风格主要有历史风格、地域风格和个性风格和品牌风格四种类型。

历史风格的形成源于所处时代的设计主张与理念，如极简风格以简单到极致为追求，感官上简约整洁，品味和思想上显得优雅。

　　地域风格源于所处地区特殊的人文环境而形成的具有该区域特色的外形风格。如"中国风"一般都在设计中融入中国元素作为产品外形的表现形式，体现中国特有的文化象征。

　　个性风格指某人独特的设计模式，具有强烈的个人印记，如世界著名大师路易吉·克拉尼坚持从自然界中寻找造型灵感，利用流动的曲线塑造产品的形状，因此他设计的产品一般都线条流畅，面与面的转化圆润，产品外形极富想象，带有强烈的个人风格。

　　一些公司在长期的发展过程中逐渐形成了具有本公司特有品牌特色的产品造型形式，形成特有的产品风格。

　　自产品造型设计基础课程引入到工业设计专业以来，该专业的老师都一直在积极地教学探索，但由于该门课程开设时间较晚，教学内容与体系并不像其他课程一样发展成熟，我们必须立足现实问题，认真分析该课程的定位和目的，研究适合工业设计专业特点的造型设计基础课程教学内容体系与方法。

第二节　产品设计形态之美

产品设计是一种综合性、创造性的活动，设计产品不仅为了达到功能的满足，也为唤起人们的美感享受，所以，形态设计作为产品特征的核心组成部分是产品设计的重要表达。随着消费时代的来临，产品更新换代的速度越来越快，对产品形态设计提出了更高效的要求，产品视觉形象的创造是否可以遵循一定的规律更快速地实现优良形态设计的目的，成为研究人员的重点研究对象。

一、产品特征与产品形态特征

产品特征是指从某一方面可以表述产品并有别于其他同类产品的特点，所有的特征集合则构成了产品自身的特色。产品开发设计是一个反复迭代、不断细化的过程，对于典型产品其所属的部件或者零件具有相对稳定的结构。而这些零件和部件也具有相对稳定的具体特征（形态、色彩、材质、组合关系等），因此产品可以描述为由部件和零件按照一定的约束关系所组成的，即由部件和零件特征按照一定关系所组成的一个特征集。

产品形态特征则是产品特征中的具体特征，是产品在外观形状上的特性表达。对于一般产品来说，产品形态是复杂的综合体，很难用一种简单几何体去描述，这就需要将产品分解为若干个更加适宜描述的基本单元，对这些基本单元的形态特征用一定的几何方式进行描述，为之后的知识重用、计算机辅助智能设计等打下基础。

二、产品形态特征与意象认知

产品之所以能引起人们的审美体验与购买欲，是因为产品与情感是紧密相连的，产品形态特征如果只是被描述为理性的几何形态，最后只能是枯燥无味的数学模式，而无法深入人心。所以，产品形态特征不能只是理性的数字描述，还应与意象认知结合在一起，综合进行产品形态特征的表达。比如，通常曲线与"柔美""优雅"等意象匹配，而直线则与"坚硬""刚强"等意象匹配，不同曲率的曲线也能分别表达不同的意象，这些都是需要在产品形态特征描述中注意的。可以基于产品形态特征与用户感性意象匹配构建框架，即利用感性工学方法，建立产品的用户感性意象语意集，并结合之前建立的产品形态特征框架，通过数量化一类分析，求得各形态特征与意象语意之间的线性量化匹配框架矩阵，即不同形态特征及其具有的特征手法对各种意象语意的影响值（贡献值）。

三、基于形态特征的产品设计应用

有效提取产品形态特征的目的是能在产品设计实践中加以运用，并且提高设计的效率与成功率，具体来说，在设计中的应用主要体现在以下几个方面：

1. 助力与培养设计新手

设计新手不论从经验还是熟练度上都尚有欠缺，如何能更快地进入设计师角色是首先要解决的问题。产品形态特征的提取能帮助设计新手快速地认知所需要设计的对象，特别是在形式方面，先对产品形态进行分解，并对各形态特征进行逐步设计，最后综合形成新的产品形态设计。对于设计新手来说，就是把复杂的问题分解简化成为较容易的问题，再逐一解决，通过不断地训练来达到提高形态设计能力的目的。

2. 分类进行设计案例管理

目前对于设计案例大多只停留在产品类别上的分类，而对个别产品类别之中更为细致的分类方法比较匮乏，或是按照时间发展分类，或是按照品牌分类，但这样的分类对设计师的启发性并不是特别高效。如果按产品形态特征进行分类，可以将产品先分成几个特征部分，按特征部分的形态特征进行有效地分类管理，建立可以按形态特征搜索的案例库，方便设计师对案例的快速搜寻。在此基础上，可以将按照已有的产品形态特征框架进行分析的设计实例标记为一个具有特定形态语言所形成的形态编码合集，与进一步进行的用户感性意象实验及生理舒适度实验的结果建立线性匹配，形成更为有效的设计案例检索系统，实现对设计案例的智能、有效、高效的管理。

3. 为智能设计打下基础

产品形态特征与用户感性意象及生理舒适度相匹配的设计案例库是下一

阶段实现智能设计的基础，智能设计是指利用计算机技术等现代信息技术模拟人类思维，以人工智能技术为实现手段，辅助设计师进行设计，包括常规设计、联想设计、进化设计等几个层次。其中联想设计、进化设计都可以以形态特征与用户感性意象、生理舒适度匹配案例库为基础，在此之上利用人工智能技术进行联想与进化，使智能设计系统不仅能够承担常规设计任务，还能在一定程度上支持创新设计，实现高级的设计自动化，为设计师分担部分创新设计工作。

4. 实现知识重用

产品形态特征是产品形态知识的外化体现，产品形态设计知识固化于相应的产品形态特征上，但是其作为一种隐性知识无法支持直接检索，而通过对产品形态特征的分类及研究，并将用户产品意象与生理舒适度作为形态设计知识获取和重用的索引，建立产品形态特征和产品意象语意集、生理舒适度之间的动态映射关系，可以更好地针对用户的生理、心理需求，支持设计师对形态设计知识的检索、重用和创新，提高设计师方案的目的性、舒适性与合理性，提升设计方案的品质。

四、产品设计之美

接触工业设计多年，只是经常在思考什么样的设计是符合需求、符合市场的，到底什么样的工业设计才是美的设计？在我看来，真正能经得住时间考验的美的设计无不是功能与形式的完美结合。对产品设计而言，设计在这个社会是为大众服务的，所以合理的设计必然符合人们的审美要求，满足人们对设计产品的期望。在我看来，功能作为产品设计第一要素，功能美自然是产品设计艺术中最本质的美学要素。设计产品的功能具有合乎目的性与合乎规律性相统一的美学境界。设计是为人的需求而存在发展的，所以一件美的产品、成功的产品，必然要体现对人类社会有用有益的价值。任何一件产品之所以能作为产品而存在，首先是由于它的功能和使用价值才有意义，不然就算产品外观如何美得无与伦比，我认为都不能算作工业产品，充其量只能算作工艺品，摆在床头柜旁边、书桌上面，甚至若干年后的古玩店，供人们赏玩。这是工艺品及艺术品的目标，不是工业产品的目标。工艺品和艺术品是艺术家个人情感的表达，而工业产品是能够给人们生活带来便利，真正解决人们实际生活中的困难的设计。

　　产品设计的最基本价值也就在这里，满足人们对使用价值的追求和人们对产品价值的期望。产品的功能也就是实用价值，是产品作为物而存在的最根本属性。"合理是指合乎客观规律所取得的主观与客观的统一，是指合乎审美情趣而得到的主体性的和谐。"完善不是简单功能的附加和堆砌，我们提倡的人性化设计、美的设计，最基本的是要有合理完善的功能，而所谓完善的功能不是设计师凭空想象及自我杜撰，而是消费者的内心切实需求。从这点出发，设计才算合格的产品设计，以人为中心的设计，充分合理地满足人的心理需求和使用需求，以人为本，创造和引导健康文明的生活方式，这才是真正美的设计出发点。在设计史的漫长岁月中，我们领略过刻意追求形式的巴洛克与洛可可时代的风采，以及我国清代家具，都崇尚用繁复的线条装饰引起美的视觉效果，然而却忽视了产品的本质——实用性，这类产品的共同之处是只能满足视觉享受，而丢弃了其最初衷的使用价值，导致形式主义对材料、工艺、人力等各种资源的浪费。反之，一味追求功能至上也会导致功能主义非人性化的弊端，第一次工业博览会展出的丑陋的机器不能给人美的享受。设计史证明，功能主义原则从来没有在设计中得到贯彻，虽然产品的外部形式可能不违背它们的技术功能，不造成操作的困难，不降低产品的功效，然而外部形式仍然不是这类产品所特有的。那些人类设计史中流传至今的瑰宝则既是审美上的杰作，同时也都符合功能的要求。无论古今，好的设计作品，形式绝不是摆在第一位的，功能才是最基本的要素，否则只能算是工艺品和博物馆里的展品，供人观赏。

　　回想历史，许多设计产品，尤其是在很多人看来的经典产品，是具有典范性、权威性的东西。例如外星人榨汁机和红蓝椅，这些产品不是为改善人们生活而设计，虽然在设计史上有着举足轻重的意义，但是这些设计作品只是艺术家的个人创作及个人情感的流露，虽然是美的，但不是好的设计产品，而美的艺术品，只能满足消费者心理层次的需求而并非功能的需求。还记得诺曼在《情感化设计》里提到的外星人榨汁机，"有时候你必须选择设计的目的——这玩意可不是为了柠檬汁"长着个柠檬头，三只细细长长的脚，只要忘了它是个榨汁机，它就十全十美了。但我想，榨汁机不能榨汁，还是榨汁机吗？就像诺曼说的，它被我"高高在上"地供奉了起来。由此可见，它已经作为雕塑为人们所认识，而不是产品为人们所用。但是它之所以如此为人们所喜爱，并不是以满足人们使用为目的而进行设计的，外星人榨汁机仅仅满足人们好奇把玩的心理，所以设计者在一定程度上抓住了使用者的心理，也就等于成功了一半。

我们再看看汉宁森设计的 PH 灯，既注重产品的实用功能，又关注设计中的人文因素，将功能主义设计中过于严谨刻板的几何形式柔化为一种富有人性、个性和人情味的现代美学风尚，难怪至今仍是国际市场上的畅销产品，成为诠释丹麦设计"没有时间限制的风格"的代表。由此不难看出，好的设计，就是满足人们对产品的期望，具有好的功能的设计，满足人们心理层次的需求。良好的功能，好的设计出发点，这是最基本也是最关键的。随着社会的进步，人类生活水平的提高，人们身边出现的产品越来越多，各种风格的产品更是充斥于整个市场，设计师更是要明白自己的责任，以人为本，满足消费者的需要，将设计是为大众服务的这个标准铭记于心，才能真正地做出美的设计。

美在于形，只能悦目；美在于神，方能赏心。产品的内在才是真正感动消费者，与使用者产生共鸣的所在。当然，形式美与功能相融合才是协调实用性与审美的关键，但它们简单的结合未必能造就出好的设计、美的产品，设计不当还会对人的心理和生理造成伤害。

五、产品设计中的形式美

产品设计是以产品这一实物形式呈现在人们面前的，它利用各种技术手段和艺术方法按照功用规律和审美的规律来创造。产品是技术与艺术的结合，技术主要追求功能美，艺术主要追求形式美。随着社会的不断发展，科学技术日新月异，当技术相对于产品来说已经不成为主要问题的时候，形式审美就显示出越来越重要的作用。产品设计迫切要求人们正确认识产品的形式与审美的关系，用"美"的尺度，设计制造富有形式美感的现代"艺术品"——产品设计。

（一）产品的形式美

通常我们说到形式美，是指构成事物的物质材料的自然属性（色彩、形状、线条、声音等）及其组合规律（整齐一律、节奏与韵律等）所呈现出来的审美特性。就纯粹的形式美而言，可以不依赖于其他内容而存在，它具有独立的意义，产品设计的形式美却是依存美，纯粹的形式美是无意义的。产品设计的形式必须与使用功能、操作性能紧密地结合在一起，是功能性与视觉形式的有机结合，产品外在形式是内在功能的承载与表现，体现出产品的高品质性能，表现为功能美，功能美是形式美的前提和基础。

产品设计中的形式美是能够将美感与产品和使用时的人机结合起来的造型，在视觉、感觉和听觉等属性间所呈现出来的审美特性，侧重于感性、情感和灵感的艺术思维。在产品形式上表现为秩序、和谐等基本的形式美法则，用以满足消费者的审美趣味。

（二）产品形式美的主要构成

美感最初主要来源于人们在生活中对美的事物的体验，长期以来人们通过不断地实践体验，对自然中天然存在的一些事物美的因素的归纳与概括，形成了具有普遍意义的美学规则。产品形式美感的产生直接来源于构成形态的基本要素，即对点、线、面等形式其及所构成的形式关系的理解而产生的生理与心理反应，当色彩、形态、材质肌理等形式要素通过不同的点、线、面的组合符合形式规则时，使人产生了美的感觉。

1. 色彩美

由于色彩给人的启示是朦胧的和隐含的，同时色彩又联系着人的情感，最容易产生情感的共鸣与变化，所以它成为产品最富于形式表现力的"产品语言"，直接而生动地将设计师的想法或意念传达给消费者。色彩具有象征性，一旦一种色彩象征意义一经形成，它作为一种文化现象所产生的支配力量不是一般的联想与纯感性力量所可比拟的，是设计师铿锵有力的"语言"。色彩包含了人类赋予的性格、文化、情感、政治等信息，并且与时间和空间有关，呈现出多元化的表情。工业设计师只要善于运用色彩，有驾驭色彩的表现能力，就获取了产品形式表现的最大自由。

工业产品在色彩运用上有两个基本特征：一是使用强烈的颜色，具有强烈颜色的产品易脱颖而出，以吸引购买力，在单调的环境中能产生重点，也具有危险警告作用；二是使用中性颜色，因为中性颜色很容易融入环境中。人们在生活中使用着各种各样的产品，这些产品又有着不同的颜色，因此，它们的色彩宜中庸而不宜强烈。这样，可以避免各种颜色的冲撞，创造一个协调的生活环境。

2.材质美

生产任何产品都需要一定的材料，不同的材料具备不同的材质美感。不同材质以其自身的物理属性和心理属性向人们展示着其迥异的个性。材质自身物理属性是指材质的质地、色彩、肌理等；材质心理属性则是材质通过人的视觉、触觉等给人心理感受。材质的美感正是物质材料的美通过人的感官对人心理发生作用的结果。不同的材质或是给人亲切的感受，或是引起人无限的遐想，或是引人共鸣，材质自身的美感还起到了装饰产品的作用，提升了产品的价值。

材质设计是产品设计过程中的重要环节,材料的材质感和肌理美作为产品设计的可视和可感的要素，对人的视觉或触觉产生不同程度的感应和刺激，使人产生不同的生理和心理效应，从而产生不同程度的美与不美的感受。当今人类面临环境污染严重、自然资源短缺、现代人的疏远孤独感等问题，材质设计不仅要表现材质的美，更要融入生态理念，体现人文关怀，以最合理的方式来表现材质的美。基于保护生态环境，可以多使用可循环、可降解的材料。考虑到自然对人的亲和力，可以多用自然质感的材质。源于渴望生活的丰富多样，可以让材质拥有更加迷人的色彩。

六、设计艺术的形式美

（一）形式美概述

对于美，自古以来尚无定论。庄子曰："各美其美。"我们说，美是感性与理性的统一。我们无法用一个统一的标准来给美定性。那么，形式美是不是难以来定义呢？美的根源是自然的人化——社会实践。人们在长期的社会实践过程中发现和总结了一系列符合自然规律的有序的客观事物，形成了初步的形式美的意识。我们认为形式美应该具有以下特质，或者说形式美应该这样理解：

1.形式美是内容与形式的统一体。这是设计的本质的需求。设计是为人的造物活动。人们在生活中使用的产品，不仅要求有用，而且还要求美观。这里所说的内容是指事物的全部组成部分，是其特征、内部过程、联系、矛盾运动和发展的统一。形式是指内容的外部的表现形式，是为人的直觉感官可以感知到的。

2.形式美指构成事物的物质材料的自然属性的有规律的组合所表现出的美。任何事物都是由一定的物质材料，如形状、色彩、线条等，当这些材料以一定的规律组合，变形成了形式上的美。这些规律包括了对比与调和、节奏与韵律。

3.形式美是独立存在的审美对象，有独立的审美特性。一个产品，它所体现出来的独特的形态、独特的结构、独有的色彩，对于这个产品来说是专有的、是独立的。因而，形式美的审美对象是独立的，审美对象有专有的审美特性。

（二）形式美的产生

形式美的产生本质上是源于艺术设计的最本质的目的。形式美是源于社会实践的，设计同样是在生活实践过程中萌生出来的，设计源于生活，又高于生活。艺术设计反映的是社会现实存在的现象，只是艺术家们用自己的方式，融进了自己的思维，通过艺术的美的方式表现出来。设计是为人服务的，是能够反映一定社会现实的。

形式美是人们在长期的社会实践过程中，在创造美的过程中，不断地熟悉和掌握各感性材料的特性，并对其形成的联系进行抽象、概括和总结得出来的。可以说，形式美源于现实生活，来源于社会实践。

（三）形式美的法则

1.变化与统一。这一法则体现了自然和人类的生存原则。大千世界，没有变化就没有发展和生命，而没有统一就没有一定的规律和秩序，所谓变化就不可能存在，最终只能导致混乱与衰亡。在艺术上人的艺术感受是有统一性的，艺术作品也必须具有变化和统一性，才能更好地为人所理解和欣赏。

2.对比与调和。对比与调和是变化与统一的具体化。对比是变化的一种方式，调和是形的类似，是形体趋于一致的表现。对比强调的是各个部分的对立性，它使得各部分的特性更加突出，而调和是对比的一种内在的制约。

3.对称与均衡。对称和均衡是自然力和物自律的综合体现。对称，是一种等量等形的组合形式，体现出一种稳重端庄的美。均衡，是一种等量却不等形的组合形式，是一种视觉力度所能够达到的平衡。

4. 节奏与韵律。这是"任何物体的诸元素成系统重复的一种属性，而这些元素之间，具有可以认识的关系"。节奏，是画面中同一种元素运动所形成的运动感；韵律，是有规律的节奏经过扩展和变化所产生的流动的美。节奏与韵律本质上是一致的，他们首先是一种普遍的自然现象。在形式上，韵律和节奏具有对视觉和听觉强烈的吸引力，他们服从于一般的审美形式规律，是内容的形式；在本质上，他们又具有内在性，是形式的内在秩序和结构。因而，节奏和韵律的设计又成为一种方法，它能够把人的视线和意志引向一个预设的方向和目标。

（四）形式美在设计艺术中的运用

1. 产品设计中的形式美

产品设计中，我们更加地关注材料和性能，造型和功用也是吸引人们眼球的首要要素。在产品设计中，新材料的运用，新的造型，新的形式运用，更能引起人们的关注。"创造一种新的造型形式来表现具有特殊功能的产品，是依据产品特有的功能，设计师平时的审美素养和设计技巧，现代、时尚的审美趣味，现代先进的制造技术、人机工程学的原理。不同的经营理念导致产品个性异样化与风格统一化并存的状况。"这便是对产品设计中体现形式创作的解释。

丹麦设计师雅格布森设计的三种不同风格的椅子，它们各具风格，形式简单，在造型上都是在现实原有事物的原型的基础上进行变形加工处理的。层压椅在材料上给人很严肃、沉稳的心理感受，在线条的处理上主要运用直线，坐垫的设计适当地运用了曲线和折线。蛋椅给人舒适、赏心悦目的感觉，运用曲线较多，很好地运用了人机工程学原理，是形式与功能完美组合的设计作品。壶椅同样是结合了消费者的审美感受和审美心理。

沙里宁的郁金香椅，简洁大方，现代气息浓郁。动静感的对比和红白色彩的对比运用，体现了形式美的法则。还有他的扶手椅也很有特点，材料给人温馨的感觉，在形态上像一个张开的嘴巴，极具韵律美。那蝴蝶椅，不仅在形式上运用了自然生态事物的特性，而且充分运用了材料的材质美，充分运用了材料的纹理，有一种直观的形式美。

保罗·汉宁森设计的PH灯具既充分考虑了光的折射等方面的规律，考虑了功能的需要，在形式上，层层叠叠的像盛开的花瓣一样，极具美感。

2.建筑设计中的形式美

建筑艺术设计中设计的材料、造型、建筑设计的风格集中体现了设计的形式美的法则。建筑艺术语言和表现手段包括空间、形体、比例、均衡、节奏、色彩、装饰等许多因素，正是它们共同构成了建筑艺术的造型美。形式美在建筑艺术中具有很重要的作用，所以意大利文艺复兴时期的著名建筑家帕拉第奥在谈到建筑的形式美时，甚至认为"美产生于形式，产生于整体和各个部分之间的协调"。

希腊帕提农神庙，它距今已经有2400年的历史了，在建筑风格上采用的是多立克柱式，在形式上具有造型端庄、比例匀称的特点，千百年来的建筑设计师们在对希腊帕提农神庙进行了研究后一致认为，希腊帕提农神庙之所以这样美，就是因为它的长、宽和高都符合形式美的法则。

米拉公寓的设计曲线的运用较多，柱子和门窗的设计都比较独特。本来应该静的建筑，却给人以动的视觉感受。这便是节奏和韵律、变化与统一的形式美的体现。

比如设计师伍重设计的悉尼歌剧院，这是一个极富创意的建筑设计作品。整个形式张扬又富有内聚力，像盛开的花朵，像展翅欲飞的鸟。节奏与韵律、对比与调和、对称与均衡都运用得很好。

3.雕塑与绘画中的形式美

雕塑是一种重要的造型艺术，雕塑与建筑一样属于带给人一种静穆感觉的艺术类型，然而，在一些雕塑作品中却蕴涵着无限动感，无限的力量。运用到了形式美的节奏和韵律、对立和统一等形式法则。对于绘画来说，在艺术家的手中，线条、色彩、构图也融入了艺术家独特的兴趣、爱好个性以及审美特点，同时，形式美可以使得绘画艺术具有生动的美感，使画面活起来，具有灵动的生气，这才是绘画艺术想要带给人们的心理感受和感情需要。

大家都熟知的雕塑"自由女神像"，其整个形象充满了动感的力量。原本静的雕塑因为它在线条上运用得细致、生动，赋予了神像以生韵。在动与静的处理上，恰到好处，体现出一种均衡与和谐之美。女神高昂的头颅、上扬的手臂，给人一种向上的积极的感觉，是一种刚正的力量之感，与柔美的线条形成了对比，可是整个基调却是阳刚的，充满着生气和力量的，这是其主的韵律。因此，形式美的法则在雕塑上也得到了充分的体现。

而我们中国的极具意蕴之美的中国画，从整个构图和线条的运用上讲，重心平稳，画面简洁生动、透气。画面上有大块面的留白，大面积的空白与或浓或淡的墨色形成了鲜明的对比，这恰恰使得画面更灵动，更气韵生动，而并没有感觉到空。国画讲究"形神兼备"的意境美，注重情与景的融合，注重物我、自然的和谐统一，讲究含蓄，这无不体现了形式美法则当中节奏与韵律、对比与调和的原则。国画不仅美在墨色的淡雅古香，美在意境的虚无深沉，更美在形式——简单的墨色，简单的线条，简单的书法文字，简简单单的画面处理，简洁优美的形式表现，却能够传达出创作者的心境、思绪。可见，形式美在绘画中的运用非常重要。

形式美在我们的日常生活和艺术创作中都有着广泛的体现，形式美渗透到了设计艺术的各个领域，我们研究形式美往往在设计艺术作品中得以体现，目的还是为了指导我们在将来的创作中，合理地运用好这种形式美的法则，用发展的眼光来看待它。我们今后的设计创作过程中，要客观地、能动地运用这些形式美的法则，以便创作出更美、更有用的、赋予形式美的佳作。

第三节　创造产品设计形态美

一、产品设计形态与观念

（一）产品设计形态观概况

世界观是人对世界（自然界、人类社会等）总的看法，是决定人思维和行动的根本原因。产品设计的形态与观念就是设计师如何创造和表达设计意图的世界观，设计师的形态观又决定了设计师进行设计时的态度和方式，从而直接影响了产品的外观品质。形态观即形态和观念。首先，观念就是看法、思想，是思维活动的结果，来自于希腊语 idea，通常指思想，有时亦指表象或客观事物在人脑中留下的概括形象。形态内容包括物的形状和神态，形状是指物体的可视边界，是物在一定条件下的外观表现形式；神态则是指物的形态之本质，说明物的基本空间特征，是物体功能的表征。形状富有客观性，而神态往往带有人的主观色彩，所谓的"仁者见仁，智者见智"，反映了不同人对即使是同一形状的东西也会有不同的认识，看出不同的形态。从形态的定义来看，形态所包涵两层意义的形状和神态还是一种形式与内容的关系。形态的形式与内容有时是相一致的，但有时形式表示却是内容的假象。因此，形态观表达了设计师进行形态创造的主观意识，这种意识受到多方面的影响，如功能、结构、材料、工艺、市场等（物的方面）因素，以及人的生理和心理、时尚、情感等（非物方面）因素。

工业设计师是产品外观形态的创造者，设计师的形态观又决定了设计师进行设计时的态度和方式，从而直接影响了产品的外观品质。因此，工业产品的外观品质是属于产品设计上感性的领域，是主观而直觉的，由设计师内在的思辨而外显。工业设计师本身的修养及个性对产品的外观影响很大，通常就世界性的产品设计形态观的主流思潮而言，知名而有影响力的设计大师的形态观对产品外观品质往往有引导潮流和时尚的作用。形态观是设计师的形态构建意识，属于设计思想范畴，不同时代的设计师有着不同的形态意识，即有不同的形态观，即使同时代的设计师的形态观不尽相同。

（二）产品设计形态观分类

以设计师提出形态观的先后及产生的时间为基本的次序，对产品设计形态观进行了研究与探索，包括：以产品功能为导向的"形态追随功能"形态观；以市场为导向的"形态追随市场"形态观；以人的行为和习惯为导向的"形态追随行为"形态观；以人的情感为导向的"形态追随情感"形态观；以自然为导向的"形态追随自然"形态观；以文化为导向的"形态追随文化"形态观；以生态为导向的"形态追随生态"形态观。

产品的形态品质可以分解为可用性、易用性和使用者所期待的各种具体的产品属性，正是这些属性把产品的使用价值和设计师的形态观联系在一起。设计师通过产品的外形为用户创造了某种生理和心理体验，体验越好，产品的形态对用户的价值就越高。从工业设计角度来看，理想的产品形态品质应当是与产品功能的完美结合，不仅可以有效、准确地帮助用户解决生活中的难点或完成某项任务，并且对用户是一种愉快的体验，而且，对自然和人类社会环境应当是有益或没有害处的。

产品的外观形态品质分为五个方面：可用性品质、易用性品质、美学品质、文化品质和生态品质。产品形态的可用性品质是产品第一个也是主要的价值要素，可用性确定了产品形态的存在和形成的基本原因，用户购买和使用产品的主要动力，所有设计师的形态观都支持提升产品的可用性品质。产品形态所引导的产品人机品质是产品第二个重要的品质因素，好用的、舒服的以及能够凭直觉就可以操作的产品是用户寻求的基本生理要求。人机关系设计合理的产品形态品质保证了用户在使用时的舒适性、安全性、稳定性和灵活性，产品人机品质对设计师形态多个形态观都有重要的要求和影响。美学是产品外观的最主要品质，也是工业设计师，尤其艺术出身的设计师最擅长和最喜欢下功夫的品质。美学品质着眼于感官的感受，五种感官都与它有关联，但对产品来说，主要是视觉和触觉的感受。美学品质强调了产品的情感价值，对提升产品的视觉附加值有着直接的作用。

文化品质对产品形态的影响体现在两个方面：一是宏观的民族或传统文化对现代工业产品的影响，表现为后现代设计的基本内涵和特征；另一个是微观的，生产产品的企业文化或设计师的文化修养对产品形态的影响，这种影响往往决定了产品形态的品牌特性。产品的外观生态品质包括了产品的绿色健康因素和可持续发展因素。产品形态的绿色设计反映了人们对于现代经济的快速发展和对财富追求所引起的环境及生态破坏的反思，对产品外观品质来说，主要指其与人们健康之间的关系，使用符合人类生理和心理健康的材料，关注人类自身的发展是当代设计师义不容辞的责任。产品外观可持续发展品质的设计表达了对人类生存环境和资源的关注，尽可能使用可再生或速生的材料，加工耗能少的材料，延长产品使用的寿命和产品的再利用，从而最终达到对人类持续发展的目的。

每种形态品质都会对设计师的形态观产生一定的影响和有所贡献，反之，设计师的形态观也会对产品的形态品质产生作用。当然，由于时代局限性的原因，不同时代产生形态观可能只对某一种或两种以上的形态品质产生影响；形态品质对形态观的影响是有时间区间的，有的只是在一定的时间内发生，有的却一直对设计师的形态观产生作用。

（三）产品设计形态观发展趋势

1. 面向文化品质设计形态观

文化，在设计界我们称为设计的文化，一直都是设计师关注的话题。由于人类的发展与进步是以文化传递的方式进行的，人类的生活方式正是文化的载体，而生活方式又是由通过造物的创造来完成的，因此设计与文化之间存在着不可分割的联系。设计师对产品形态设计文化内涵的关注和研究起源于 20 世纪 60 年代产生的后现代主义设计运动，西方最早进入丰裕社会的人们开始厌倦没有装饰、千篇一律的功能主义风格的产品形态，转而期待有更多的文化产品出现，这种期待是设计师把富有文化内涵的形态赋予产品之上的主要动力。设计为人们创造新的物质产品，就创造了更合理的生活方式，因此提升了人类的精神文明，推动了新文化的诞生；其次，设计师通过对一个民族的生活方式、价值观、风俗习惯等传统文化的研究，从中吸取最合理的因子，引导和建立本民族风格的产品形态发展的方向；第三个层面是对企业文化的研究以创建和完善企业品牌的建设，设计师通过了解企业文化的内涵和外延，可以有效地开发出符合市场需求和企业发展方向的高品质外观的产品，有利于提高企业的市场竞争力和长期发展的潜力。

面向文化设计的形态观对产品形态品质设计影响包括三个方面：一是对企业文化的研究以创建和完善企业品牌的建设，由此提高了产品的附加值；

二是设计师通过对一个民族的生活方式、价值观、风俗习惯等传统文化的研究，从中汲取最合理的因子，引导和建立本民族风格的产品形态发展的方向；三是面向文化设计的形态观把产品的文化功能通过产品形态以物质的方式表现出来，创造了更合理的生活方式，因此提升了人类的精神文明，推动了新文化的诞生。

2. 面向生态品质设计形态观

所谓生态设计，也称为绿色设计、环境设计、生命周期设计或环境意识设计等，它是"这样的一种设计，即在产品整个生命周期内，着重考虑产品环境属性（可拆卸性、可回收性、可维护性、可重复利用性等），并将其作为设计目标，在满足环境目标要求的同时，保证产品应有的功能、使用寿命和质量等。对于生态品质产品的设计，要求设计师在进行产品设计时，应当以产品的生命周期为中心，以降低全生命周期环境影响和对人体健康风险为目标。面向生态品质设计的形态观就是在这一背景下产生的。持有这一形态观的设计师关注在产品整个生命周期内对环境的影响，同时研究此背景下人们的生活方式，努力增强使人类、社会和环境之间的和谐关系，通过设计创造可持续发展的产品的形态品质。

面向生态设计的形态观，通过对产品生命周期的研究来指导设计开发，既满足消费者需求，又与环境相协调，具有可持续发展空间的产品。产品形态的设计目的不再仅仅被局限于美观、可用性、文化和人机等品质，不能局限于提高市场竞争力，而是应当成为生态系统的一部分，成为表现企业的人道精神，为人类创造更好的生存空间。

设计师需要关注形态观的新变化和新发展，只有这样，工业设计师才能始终走在产品创新的前端，开发出符合满足市场需要的新的产品形态。

任何一个形态观不是孤立存在的，设计师的形态观不仅受设计师个人设计修养的影响，更受这个形态观所在的社会、政治、经济、文化等意识形态领域的影响，还受到经济、生产力、技术等物质领域的影响。设计师对产品形态的认识是"仁者见仁、智者见智"的事情，每个设计师都不尽相同，即使具有完全相同生活背景或同出师门的设计师也是如此。设计师的形态观与产品设计风格关系密切，由于有什么样的形态观的设计师就会有什么样的形态意识，就会创造他们认为是好的产品形态。

二、产品设计形态创新

（一）产品设计中形态创新过程和特点

在产品设计中，首先应依据客户资料和信息，围绕客户的设计要求，对其产品的功能、材料、结构等关键内容进行认真分析，运用推理、联系等创新的思维方式，结合创新理论体系完成产品形态。在完成产品形态确定工作以后，应根据现实情况，综合相关技术、材料成本、制造工艺以及加工成本等诸多要素，采取各种创新设计工具，对其进行精确建模和模型制作等，在具体实施过程中，应同步解决好产品化过程中出现的问题，尽最大可能实现形态创新的整体优化。在实施传统的产品设计过程中，功能常常处于主导地位，形态的创新往往处于从属的地位。大多是在功能都完备的情况下，才去考虑形态方面的新颖以及美观问题，并且这类的相关思考也仅仅停留在外观修饰的浅层次上。然而，我们应认识到，成功的产品设计绝非是形态美观所能囊括的，形态创新也并非修饰等浅表问题。

形态创新的过程，首先需要确定创新方向，依托创新思考以及创新理论深入发掘产品形态的创新元素，并对新形态的实现方法进行统筹思考，以此确保形态创新的实现。形态创新绝不是简单地将形态进行修改或润色，形态创新是贯穿于整个产品设计过程中的一项极为重要的创造性活动。这决定了产品形态的创新设计应同时具备整合化、系统化等很多特点。形态创新的产品设计可以是发散思维和逻辑思维的共同作用和融合，并最终取得一致的融合过程。相应的形态创新的产品设计应同时具备产品的功能、技术以及美观等多项要素，同时应是诸多要素的统一过程。产品设计形态创新的宗旨也在于更好地合理规划产品形态，有效地整合优化产品，全面协调产品的其他各要素。这些特点决定了需要涉及一些其他的学科和领域，需要更加注重创新性方法以及创新性思维的融会贯通。

（二）影响和制约形态设计方法的因素

1.传统形态设计的制约

长期以来，产品设计的造型方法在一定程度上还遵循着"形式服从功能"的原则。在这种原则的束缚下，在进行相关产品造型以及形态设计时，专业设计师大多还停留在适应生产条件、满足技术要求、完成相关功能的层面，或是仅仅强调和追求表现美学要素，忽视了产品在使用上的特点及要点。也就是说，往往突出了产品的功能要素和审美要素，对于十分重要的形态要素没有足够的重视，造成产品的形态表现力十分缺乏。因此，形态的创新应突破常规的材质运用、线面组织、色彩搭配、积聚分割等传统模式，从产品形态自身的属性入手深入研究。

2. 形态的主观性

形态要素是整个产品设计中主观性最强的要素之一，对于诸如造型、色彩等特定产品的一些形态方面的要素，没有一个确定的标准。因此，和形态创新相关的研究还缺乏实质性的理论化评价体系，特别是主观设计要素间的相互联系还不紧密，在主观意识的不确定性作用下，造成了一些创新具有一定程度的盲目性，很多创新方案的产生往往是偶然的，没有系统化的创新思路。

3. 人脑存在习惯性思维

经验和知识积累对设计无疑具有一定的帮助和参考作用，然而这些经验和知识也形成了习惯性思维。比如在折叠式自行车出现之前，大多数人的心中往往固化认定自行车一定是由钢架结构组成的，而座椅则必须是有靠背的，等等。我们不否认过去的一些习惯性思维对于认知事物有着一定的积极作用，然而习惯性思维同时也是进行创新的一个最大障碍，人们的大脑往往习惯性地看到本身更希望看到和获得的一些事物。因此，很多创新性的思维在这种选择中经常被屏蔽，而产品形态也因此被局限在一些习惯思维的限定当中。

（三）关于产品形态设计创造的创意思路探索

我们可以将产品形态的设计创造过程看作一个特殊的再创造过程，这一过程是抽象概念具体化的过程，是产品模块化以及符号化的一个必要过程。在这一过程中，设计师的思维要根据形式的法则，对色彩形态、产品结构等要素进行重新选择和组合，使这些元素形成更加统一、关联性更强的整体，从而形成可感可触的东西。较为常见的创意思路有以下两种。

1. 组合创意法

从事创造性相关工作的设计师均有这样的共识，创造绝不是无中生有的，也不是凭空产生的，创造是把已经存在的元素重新组合，重新构成新整体的过程，并努力营造设计理想的结果。落实在具体设计中，就是将一些旧元素通过新颖、有效的方式组合起来。由此可见，组合并不是新的发明和创造，却能够产生好的创意。在广告创意设计应用中，组合创意法也是目前应用最为广泛的方法之一。在产品设计中，这种方法同样是创新的一种极其重要也是极其有效的方法。依据技术需要，设计师可以有针对性地选择一些现实中已经存在的产品，将这些产品进行不同领域的交叉组合。产品设计中的功能组合往往是多样化的，包括主体附加式，即在过去产品上增添一些新的模块；此外也存在一些差异性综合，即将多种不同功能的产品进行有机的结合和相互渗透，以实现综合改进的目的，为设计概念带来前所未有的崭新面貌。

2.分解与重构创意法

在实际生产中，一些产品类型可能是在过去属性上的拓展，此类产品在数量上较多，相应的设计空间也比较大。在市场发展以及消费者需求不断变化的背景下，设计师需要更多地关注和审视一些已存在的产品，并将这些产品的属性做进一步的细化和分解，同时对其局部进行创意改变，最终将其重新组合形成新的产品，在新产品中实现对不同的功能的强调。这类设计也是产生新观点、带动新动态的一个方向。比较具有代表性的例子是索尼数码相机在索尼手机产品上的移植和缩小等。

科学合理地创新产品形态，不仅能够减少生产成本，进一步提升产品利润空间，同时对于企业的生产规模发展以及提升公众形象均是十分有利的。除此之外，合理地创新产品形态还可以大大缩短新产品的设计开发周期。产品设计形态创新是一个持续发展的过程，值得我们不断地去研究和探索。

三、创造产品设计形态美

（一）什么是美？什么是设计美？

什么是美？什么又是设计美呢？美是具体的，美的事物总是以千姿百态的具体形式呈现出来，而被人们发现和喜爱。有人说过，设计的意义不仅是改变事物原有的形式，而是使这个事物朝着更加合理的方向发展。如果按照此说法，是不是说美的设计就是更加合理、更加人性化的设计呢？人的需求可分为物质需求与精神需求两个方面，其中物质需求是最基本的需要，在生活水平低下的时代，物质需要表现尤为突出。然而，现如今在人们的生活水平得到提高，生存所需要的物质条件逐步得到满足后，对精神需要的追求就变得非常突出了。人们对现代产品设计中美的追求也是如此产生，而且今后消费者的要求将会变得更高。设计的审美，属于满足使用者精神层面需求的功能，它在适应人的实用功能基础上利用造型、色彩等表现手法进行创造性的组合，构成形式美，以形表意，以色达情，激发人们的视觉感受，为使用者带来美的享受。设计的实用功能和审美功能是相辅相成、相互依存的，一件优秀的设计产品，只有同时拥有使用功能和审美功能的时候才能得到消费者的认可，才能得到传播和更为长久的存在于市场中。

（二）现代科技的发展对现代产品设计的影响

现代科技是在新技术发展的基础上形成的，特别是在信息技术、光电技术、纳米技术等为代表的高新技术出现后，不仅改变了人们固有的生产生活方式，也在潜移默化中改变了人们的生活习惯和看问题的方法。面对这个不断变化的世界，伴随着科学技术的飞速发展，人们在不断积累前人经验的基础上，也在不断地开拓未知的新领域。现代的科学技术延伸了人们的感官，拓展了人们的能力，基于这样的能力水平，人们设计出各种打破常规、标新立异的新产品，设计的形式和内容也发生了巨大的变化，整个设计领域都呈现出了一种颠覆与创新的设计新趋势。

首先，现代科技中的新材料和新技术为设计创新提供了物质支撑，从而打破传统设计的老路子，也大大地拓展了设计的美学内涵。在现当代设计领域，正是由于新型材料的不断出现，设计者不再拘泥于原来的设计思路，充分发掘新材料的特性，取得新的美学与设计效果；其次，现代科技与设计的完美结合，不仅给人们带来了新的创造美的机会，还创造出了许多新的呈现美的方式；再次，现代技术拓展了设计所涉猎的领域和范围，同时也给人们传统的审美习惯带来巨大的挑战。现代技术的出现对于整个人类社会的发展历史而言，仅仅是沧海一粟，但是，从实际情况看，在现代技术出现后，人类社会所创造出来的财富，不管是从数量上还是质量上都远超过了历史上的任何一个时期。具体以设计为例，建立在手工基础上的传统设计在我们的生活中随处可见，也创造出了丰富的物质财富和精神财富。但是，相较于建立在当代新技术基础之上的设计而言，传统设计的局限性也是非常明显的。设计工具的落后和设计效率的低下都极大地限制了产品的使用范围，以及较慢的更新速度。但是建立在新技术基础上的设计则极大地改变了这种情况，各种专业设计软件的运用，3D 打印机的出现等为设计师提供了预见设计成果的可能，极大地缩短了设计师的设计理念从想法变成现实的时间。

伴随着新技术和新材料的不断涌现，使得工艺制作的难度和精度越来越高，这样带来的结果是，消费者不仅对实用性有了新的追求，而且更加注重外观设计。是否实用是一件成功的产品所首先要满足的先决条件，而审美功能则是设计者展示设计构思，赋予产品二次生命，是追求更高的产品需求和情感需求。具体结合人们的实际使用习惯和使用场合，再结合人体工程学和结构原理等准则，结合运用美的形式法则而精心设计出来的产品，能更好地满足人们的审美情趣和精神追求，同时给人一种美的享受和一定的启发，从而引导使用者去思考、去感悟更多超越客观事物本身所带来的精神属性和内涵。下面我就以现代生活中和人们息息相关的交通工具——汽车为例，来谈谈现代产品设计当中的设计美。

汽车作为日常生活中常见的产品，是现代生活中的重要交通工具之一。它的形态和色彩与我们所处的生活环境，与我们整个时代的精神风貌，与人们的审美心理等都存在着千丝万缕的联系。从某种意义上讲，汽车的车身造型设计能反映出一个时代的社会政治、经济和文化等等，也能够折射出一个时代的整体工业设计水平。对于车身的艺术而言，包括很多个方面，例如车身的整体感觉、视觉效果、车身比例、色彩等等。下面主要从车身形态、功能与技术、文化特征等方面谈谈我对现代车身设计中设计美学的应用体会。

汽车的形态美是指汽车的外观形式以及整体形态上的美学表现，它不仅是产品形体艺术的有机组成部分，也是衡量一辆汽车表现力高低的重要标志。当一辆汽车静止地停在路旁，外形上透露出来强劲有力的艺术张力，直接能够给人带来视觉冲击和艺术享受。

车身比例是指汽车车身中各部分的长度、面积等比例大小。许多设计者早期在汽车设计时已经十分重视这一比例，但是出发点往往是从车体性能等技术条件考虑，并且受限于所处时代的制造水平。例如：发动机的布置形式、底盘的高低、后备厢的大小，等等，这些都是影响整个车身外形设计的重要因素。此外，在车身造型设计的过程中，各个细节的设计比例并不是孤立的存在，而是各个部分存在相互的联系和制约关系，彼此呼应为一个有机的整体，相互配合从而获得良好的视觉效果。

　　汽车作为一种常用的交通运输工具，其不同的设计元素在一定程度上代表了一个地区甚至一个国家的视觉符号，它的流动特性也决定了它独具的传播意义。汽车的生产和使用都会因城市、社会的不同而不尽相同，因此设计师往往都会将自己或者当地的文化元素融入自己的设计中。例如，美国车外形通常比较宽大，而且充满肌肉感和力量感；日本车则小巧、精致、做工精致；意大利车充满浪漫与艺术气息；德国车严谨、耐用、品质优良，这就是汽车造型设计中不同文化因素的真实呈现。不同的地域、不同的文化、不同的社会习俗，都通过人们的生活方式和习惯等反映在产品之中，因此汽车整体上的和谐之美也成为社会文化、传统习俗美的表现。

　　因为科学技术的不断进步，现代艺术设计已经悄然发生了变化。从传统的专注于静态的产品，到逐步重视人们行为方式对产品的影响，更加注重产品中所体现出的设计美和功能美的完美结合。例如上述的汽车设计美学就逐渐成为展现人们生活方式和审美心理的载体，并且对人们的生活方式起着一定的引导作用，同时也将推进人们的生活走向更加科学、健康和文明的崭新高度。我们在进行艺术设计的实践中，更加要注重一个结合，就是实用性和设计美学的完美结合，唯有这样，才能在满足人们使用需求的基础上，最大化地带给人美学的享受，最大化地实现产品的综合价值。

第四节　形态与限制性因素

一、自然、社会环境因素对产品设计的影响

自然环境包括了地理环境、景观环境、产品使用环境等方面，而这些地理因素又会影响当地的经济状况、人文思想、民族习惯等，并进一步形成某一地区人们特定的思维方式与行为习惯，从而影响产品及产品的设计。

（一）自然环境与设计

1.地理环境与设计

地理环境是人类生存的物质基础，人类社会的一切现象，都与此有着直接或间接的关系。不同的地理环境决定了多种不一样的生存条件，有的地方炎热，有的地方寒冷，有的地方干旱，有的地方多雨；有的地方是一望无际的平原，而有的地方是连绵不断的群山；有的地方植被茂盛；有的地方却寸草不生。生活在这些不同地区的人们，他们的生活方式和所使用的器具，必然是不一样的，因而在产品设计中，我们必须考虑到这一点。

"一方水土养一方人"，每一个地域的人，大到国家，小到地区，都会有各自不同的特色。比如意大利国家，地处亚热带地中海型气候，三面靠海，北部的阿尔卑斯山又阻挡了冬季寒流对半岛的袭击，所以气候温和，阳光充足，人民性格普遍开朗，造就了意大利人大胆、创新、勇于突破的个性特点；比如法兰西民族，地处温带海洋性气候，良好的生活环境造就了法兰西民族追求浪漫的特有气质；日本是一个岛国，自然资源匮乏，空间狭小，所以日本的设计比较注重节能和环保，造型风格细腻、精致。

北欧设计风格的形成，也是一个非常典型的例子，在国际设计领域中，北欧的设计占有重要地位，形成了自己独特的风格。北欧的设计风格与自然地理条件有着很大的关系，北欧所处的斯堪的纳维亚位于地球北端的高纬度地区，气候寒冷，冬季漫长，日照时间短，导致人们的很多活动都在室内进行，所以特别注重温馨的家庭生活氛围；另外，北欧国家的森林覆盖率很高，正因为这些原因，北欧设计师特别注重"为日常生活的美"进行设计，同时大量运用木材等自然材料，形成了"纯粹、洗练、朴实"的设计风格。芬兰

著名的现代主义大师阿尔瓦·阿图就是一位非常喜欢使用木料的设计师，他认为木料本身具有与人相同的地方——自然性的，温情的。

2. 产品使用环境与设计

上面讲的地理环境，是一种"大环境"，这里所说的产品的使用环境，则指的是"小环境"，产品的设计必须与产品的使用环境相协调，这是设计中的一个重要原则，这不仅仅是一个视觉统一性的问题，同时也关系到人们对产品的使用，包括人们是否愿意使用这个产品，能否正确使用这个产品。日本著名设计师深泽直人很注重产品和环境之间的关系，他设计的打印机和废纸篓连在了一起，他认为一般在使用打印机的环境中需要有废纸篓，他的设计不刻意追求打印机的造型，而是注意打印机和周围环境的关系。

不同的环境营造了不同的氛围，形成了特定的情境，这个环境当中的产品，必须和环境和谐相处，才能最终实现人、产品、环境三者的协调统一。在设计一个产品时，除了需要知道为谁设计外，还需要认真地了解这个产品会在哪里被使用。我们在进行公共设施设计的时候，常常会非常重视对周边环境的考察，以实现所设计的设施和所在环境之间的统一。如，具有类似功能的医疗产品，分别为医院和家庭的使用进行设计，由于使用环境的不同，他们在形态上必须有一定的区别。医院里所使用的医疗器械需要适当强调专业性，这样才能得到病人的信任；而家庭使用的医疗产品则更需要注重形态的亲和力和操作的便利性，使人们愿意在家里使用这个产品。视觉环境对人的行为和产品设计有着重要的影响，良好的环境能够使产品与环境实现视觉上的统一协调，同时能够顺利地实现产品的功能，发挥其应有的用途。

（二）人文社会环境

环境提供了一系列社会和文化的准则，这些准则是关于一系列的"情境设定"，于是行为和环境共同构成了一个框架，这个框架决定了行为在什么意义和范围内产生，从而也就决定了产品设计的方向。

1. 社会系统构成因素与设计

产品在从设计到使用的整个生命周期中，都要受到政治、经济、文化、科技、宗教等社会因素的影响与制约。这些社会宏观系统的构成因素以强大的社会影响力和渗透力引导着产品设计的方向。社会构成出现任何大的导向和变化，都会给产品设计带来直接或间接的影响。两次世界大战期间的政治、军事较量就使得军用器械与设备获得了极大的重视，人机工程学也因为和战争关系密切而获得了发展；战后特别是冷战结束后，大量的军用科技转为民用服务，原来的军工企业也转向民用生产；计算机与网络技术的发展，使得产品又呈现出新的面貌，而民俗、地域环境等因素也对产品构成特性提出了许多特定的要求。产品的设计只有紧扣社会大系统提供的舞台，不断调整自己的设计方向，才能伴随着社会的变化获得更好的发展。如家用轿车的设计就与能源、交通、城市发展、家庭结构、社会经济分配等方面有关。

产品设计中的造型、结构、材质、功能组合、操作控制方式的表现，与社会微观因素直接相关。社会微观系统的构成决定着产品设计的构成因素的具体情况，产品的构成取决于各个因素的具体条件和要求。20世纪80年代彩电的造型、功能、加工工艺、控制方式等直接体现着当代社会微观构成的特征，与现代液晶高清、超薄、多向调节安装、环绕音响系统等为特征的彩电相比，显示出两个时代背景下的社会微观系统的差别。因而，产品设计必须时刻捕捉社会微观系统的变化，并及时体现在具体的设计中，才能使产品具有时代感和生命力。社会系统构成因素的差异，对设计产生了多方面的深远影响。由于中国推行计划生育，一般来说一个家庭只有一个孩子，三口之家的家庭和西方家庭有着很大的差异，西方人除非是不要孩子的两人家庭，如果要孩子的话，往往会不止一个。这种差异导致中国家庭使用的电器产品和国外家庭相比，在很多方面有着自己的特点。比如洗衣机和冰箱的容量，汽车的空间大小等都需要结合中国家庭的特点进行设计，这是一个很值得深入研究的问题。

产品的设计是基于上述社会宏观和微观系统的构成而展开的，社会的宏观系统构成确定产品设计的主思路，而社会的微观系统构成形成产品构成的具体因素，两者在不同的层面上影响和决定着产品设计的方向和形式。

2. 文化与设计

政治、经济、文化、科技、宗教等社会宏观因素从不同的侧面左右着产品的设计，其中，文化作为一种重要的社会现象，对设计有着深远的影响。设计将人类的精神意志体现在造物中，并通过造物实现、影响或改变人们的生活方式。

人们共有的观念和习俗构成了文化，不同的文化造成了各个文化区域内，人们的行为、心理等方面的差异。器物、技术、习惯、思想和价值观等都深深地烙上了文化的印记。

一切文化的精神层面、制度层面、行为层面和器物层面最终都会在人的某种生活方式中得到体现，即在具体的人的层面得到体现。产品是社会人文发展的产物，设计在为人创造新的生活方式的同时，实际上就是在创造一种新的文化，比如前面讲到过的北欧设计风格，其实这种风格的形成，除了自然、地理因素之外，其文化中的精神、制度和行为层面的作用也是不容低估的，民主、平等、以人为本的思想对北欧的设计产生了深远的影响。

人们的某些想法、动机或观念可以产生特定的行为，行为久而久之，不断重复，就会形成一种习惯，长期的某种习惯，就会成为一种传统，传统不断的积累，就会形成特定的文化，而文化反过来影响人的观念和行为。中西方的饮食方式在漫长的历史演进过程中，产生了很大的差异，形成了各自的饮食文化，这种差异，对现代厨房产品的设计产生了很大影响。中国人在饮食上喜欢追求美味，而西方人更注重营养，所以中国人的烹调方式很多，有煎、炒、炸，往往产生很多油烟；而西方人的烹调相对简单得多，往往凉拌、烘烤的比较多，产生的油烟比较少，所以对油烟机来说，就有了所谓的中式和西式之分，中国家庭用的油烟机需要有更大的吸力，当然现在也有很多家庭采用比较美观的欧式油烟机，但是它们的功率往往已经被加大，从而更适合中国人的使用环境。

再比如"坐"的行为，不同的文化就具有较大的差异。坐的形式有两种：垂足坐和席地坐。中国人是唯一改变过坐的方式的民族，虽然现在我们基本都是垂足坐，但中国古人最早是席地而坐的，所以今天才有了"主席"这样的字眼，日本受中国的影响，也是席地而坐的，而他们的这个传统一直保留至今。中国后来受到外来文化的影响，逐渐改为垂足坐，这种坐的方式的改变也经历了比较长的时间，这种改变对家具设计产生了多方面的影响。

从理论上来说，席地而坐对人的腰椎不好，容易引起腰部问题，但国外研究者曾对 450 名习惯于坐在地上或蹲着的人进行了研究，发现这些人都没有感觉到腰疼，而一般人在这些姿势下时间长了，就会感觉腰痛。在用 X 光对被试者的背部进行拍照后发现，只有 9% 的人腰部存在问题，而这与一般人群中存在腰部问题的比例基本一致。这个结论与我们所主张的采用科学的坐姿存在一定的差异，这种差异表明，在研究人机工程，开展设计的时候，一定要充分考虑人们的习惯、传统和文化对人的影响。正如生物进化的自然选择一样，人们在生活、生产过程中，也逐渐适应了某些特定的方式，形成了一些特殊的机能和技巧。所以说人机工程学的原则也不是一成不变的，而需要在设计中根据实际情况灵活运用，这一点是我们在学习人机工程学工程中需要特别注意的地方。

不同的文化，导致了人们对事物的不同理解，古代中国人崇拜龙，而"dragon"在西方人眼里却代表着邪恶。对于色彩来说，不同的文化也有着不同、甚至完全相反的理解。比如在中国的传统文化中，红色代表喜庆、吉祥，到了近代，红色更是被赋予了更深的含义，代表着进步、革命、神圣等积极的意义，但是在一些国家和民族中，鲜红色意味着流血、犯罪等，具有非常消极的含义，因而我们在设计中运用色彩时，必须考虑到这些因素的存在。设计一定要考虑特定地域的人的文化和行为，否则再好的设计，也会事与愿违。

法国建筑师为了改善当地人的生活，在北非村庄引入了自来水，但是事与愿违，这个行为立即引起了当地居民的不满与抵制。后来的调查显示，对于当地被严格禁锢、身居闺中的妇女们来说，到村中的井边上去汲水，是离开家门，与人聊天交往，接触社会的一个难得的机会，所有这些对妇女们至关重要的社会活动就因为家家引入自来水这样一个简单的举动而中断了，妇女们为此感到抑郁，于是向她们的男人抱怨，从而招来了抵制行为。

曾多次获全美和州建筑学会奖的美国 Pruitt-loge 住宅区是一个非常典型的例子。这个住宅区是由美籍日裔建筑师雅马萨奇（山崎实）主持设计的，由于居住主体的变更等种种原因，该项目的公共空间的设计与人留的组织没有实现预期的构想，它鼓励了犯罪并破坏了居民的社区感。对于该住宅区所发生的种种问题政府当局无能为力，唯一解决的方法就是将它彻底清除。Pruitt-loge 住宅区是设计的功能主义走向极端的代表，事实上，欧美国家在 20 世纪 50 年代建造了大批这样的建筑，引起了广泛的社会问题。Pruitt-loge 住宅区的炸毁成为现代主义与后现代主义的分水岭，这个事件提醒着我们每一位设计师，设计的质量不仅仅取决于设计的形式，更取决于使用者。

上面所提到的关于文化的案例主要是和人的生活方式相联系的文化中行

为层面等相对较深层次的内容，事实上，器物、符号等文化相对表层的内容也对设计有着很大的影响。2008 年奥运会火炬就是一个很成功的设计，该设计将科技和中国传统文化元素很好地融合在了一起，画轴、书卷的造型象征着中华文明，祥云则意味着"渊源共生、和谐共融"，两者本身也具有精神的深层含义。

设计已经成为一种社会文化现象，而文化则成为设计的重要因素之一。人的价值观念、思维方式、审美情趣、历史积淀、民族性格、宗教情绪等都从不同的侧面对设计产生了重要影响。对于设计师来说，文化的问题是一个很模糊但又对设计十分重要的概念，特别是当设计师面对一个全球化市场的时候，文化和跨文化的问题就显得尤为重要。当然，在设计中，也不应该把文化当作是提高身价的装饰，不能只满足于从传统中套用文化符号，而是要用更高、更宽广的视野，理解前人的文化创造，真正从文化现象中感悟当时的创造者对世界、对生活和对自己的理解，从而发现前人文化行为中的历史必然性。前人的具体创造有其历史的局限性，但从他们看待事物的角度和方式中透射的智慧却永远值得借鉴。

二、产品设计的局限性

凡是购买过苹果牌电脑和 iPad 的用户，都会在其产品包装盒的醒目位置，看到这么一行字：加利福尼亚苹果电脑公司设计。正是由于这句话，买家忘记了这部电子产品本质上只是一台科技与计算机技术相结合的尖端产品，而是将苹果电脑外形的高超设计推举为引领概念与创意的典范。苹果公司从曾经的一蹶不振到获得如今的辉煌成就，光靠打科学技术这张牌在今天这个充满潮流和快速更新换代的世界已经不行了，他们用发展未来的眼光和严谨又巧妙的思维创意，将计算机这样一个技术产品变成了一部个人的娱乐产品，这样的一个大改变也使设计被重新定位。

越来越多的产品需要被设计，公司需要更鲜明的企业形象，生活中也开始充斥着各种文化，人们开始大口地呼吸新时代的气息，设计被时代强烈地需求。起初，中国只是被当作一个市场，但通过大规模的模仿与巨大的资金投入，吸收西方设计理念，翻译和出版大量关于欧洲图形设计师的书籍，中国已经拥有了大量有系统知识体系和经验的设计人员。但是对于设计的需求，毕竟不能完全等同于高质量设计的需求，图形设计的局限性在当下这样各方面都很先进的时期也显得很无力。但是如果抛开一些经济因素的干扰，或许设计业还是能够合情合理地进行评价和思考，把握自己最有效的设计操作尺度。

随着中国设计的逐渐成长，一些局限性也逐渐显露出来。现代设计的局限性除了经济因素外，还包括思维（创新）、文化差异、工艺（材料）、一味模仿、多学科交织、无纸化（电脑）、性别等多方面影响。这些方面的共同作用阻碍了中国设计的前行脚步，也使得目前的现状出现许多不均衡的状态。通过分析这些方面的局限性，让设计可以走出一条新的道路。

（一）思维局限性

一个好的设计最重要的是创意，换句话说设计卖的就是 idea。可是现代人总是被许多条条框框的东西绑住了想象。专业院校的设计科目主要还是依靠课本的知识体系来进行授课，而不是从优秀的设计作品的学习作为切入点，这样的话可以使学生认识到优秀作品的同时学会设计。个人认为这样可以让学生更直观而立体的认识设计，而不是看着课本的三大构成来想象未来的设计作品。比如靳埭强先生，他没学过三大构成却仍成为了中国设计界的领军人物。所以说，思维创意高于一切，只要有好的想法，就可以用一切手段来把它表现出来。还比如我曾经看过一组图片，设计师打破常规和传统，将陶瓷制作的工艺流程全部颠倒，结果出来的作品反倒令人耳目一新，给人带来新的美学体验：有些盘子外面的图案印到了内部，有些咖啡杯的把手被粘在了杯底；还有些色拉碗拥有了非正常的碗口边缘。无论从人性层面和工业层面上讲，这都是一次美妙的实验。

（二）文化差异的局限性

设计归根结底是为人服务，但是一方面现在许多设计师过于盲目自信，设计出的作品无法融入人们的生活，无法被大众所理解和接受；另一方面，由于受众整体的文化层次和艺术修养参差不齐，所以对于设计的理解也颇有不同，造成文化差异的局限性。作为一个设计人员，他有自己独到的创意自然是好，可是不顾市场和客户的真实需求，只是按照自己想的去做，这样经常会与现实脱节。毕竟设计不是纯艺术，更确切地说设计像是一门如何让人类生活和使用更舒适便捷的专业。对于社会大众而言，众口难调是理所当然，任何一件作品都不会人人买单，所以做出好设计的同时，人民大众也需要提高自己的审美情趣。

（三）工艺与材料的局限性

无数人认为华丽外观和当代奢华美学都得由设计来呈现，那么世界是不是注定终将成为像时尚作品那样花哨、纤细，闪耀孵化的光芒？当代设计师的工作的确是一门艰巨而深奥的学问。其实当代设计材料的研究范畴已经得到了极大的拓展，研究方向在材料、肌理、加工工艺等方面进行了深入的发展。但21世纪是一个绿色的时代，全世界都在呼吁低碳、环保，如何将这些概念融入设计是一个非常重要的课题。将损坏、老化、因不能再使用而被遗弃的物品重新设计，使之成为可用而又受人欢迎的物品，这个项目的理念是与可持续发展紧密联系的。就像法国的一个新的年轻设计师团队"5.5"，他们致力于将被抛弃的物品注入新的活力，经过重新设计后的物品不仅价格低廉、环保又美观多功能，受到许多人的喜爱。

（四）一味模仿的局限性

做设计的现代人往往在革新的同时总是摆脱不了别人的影子。中国的设计和市场之所以逐步兴起，初期依靠的是代工工厂，大批国外的设计流入中国进行制造，然后再销往国外。慢慢地国内的小公司看到了利润就开始疯狂地复制，也就是"山寨"。虽然这个词在当今被大家所厌恶，但是不得不承认，中国设计甚至很多行业都是从"山寨"逐步成长起来的。模仿不要紧，最重要的是学会创新，打破思维的界限，敢于去尝试新事物，由一种主题引发多种联想进行思维的发散。再经过反反复复的磨练，知识层面的增多以及平时生活中的积累和观察，从而再进行创新。

（五）多学科交织的局限性

其实艺术设计在某种程度上算是一种多学科交织的专业，是把艺术与各行各业融于一体的一门综合性应用学科。设计的最终目的是让物品更好地服务大众，如果没有丰富知识作为依托，那么设计出来的作品只能是孤芳自赏，就好比工业设计师必须知道人体工学原理，平面设计师要懂得色彩心理一样。但是，具有多元化知识交织的网络总能给人带来新的灵感，达·芬奇是画家、寓言家、雕塑家、发明家、哲学家、音乐家、医学家、生物学家、地理学家、建筑工程师和军事工程师，拥有这么多重身份却依旧在美术领域表现出非凡成就。所以说知识多不是坏事，那样只会更加丰富你的思维。

（六）无纸化（电脑）局限性

电脑的普及以及在设计领域的运用几乎达到了无所不能的地步，只要是人们能想象出的东西，用电脑都可以表现出来。但是设计的本质还是属于美术，在多少年前没有电脑的时候，画家们随心所欲地作画，创造出了不少精品。像过去北宋时济南绣花针广告"刘家功夫针铺"商标中活灵活现的白兔，现陈列在北京中国历史博物馆中。那时候没有电脑，这件作品采用铜板雕刻的技术，匠人们将自己的思想变成了现实，在今日都是一件杰作。而在电脑技术高度发展的今天，人们大都"被懒惰"，选择抛弃最初的手绘，放弃了自由的遐想，整天面对电脑、面对虚拟的网络进行搜索和修改，最终成为一件作品。其实手绘的作品可以当作实用工具，清晰分明，易读易懂，具有本质纯良的自由感，不带任何刻板的或形式主义的痕迹，不会造成与用户的距离感，可以唤起观众的情趣意味。值得庆幸的是，中国当代设计师开始注重手绘技能，使无纸化时代也可以焕发出缤纷色彩的感觉。

另一方面，应该重拾手工技术，将多元化的设计用立体构成的形态进行演示，比如建筑设计中的楼房模型，通过亲手制作这样的一个过程，可以对于楼房结构、平衡点以及造型有更直接的感受。毕竟看到、听到都不如自己亲手制作，电脑只是用来反映人们设计思想的一件工具。但是通过这样亲力亲为的设计过程，中国会有创意更好、质量更高的建筑出现。

（七）性别的局限性

不得不说，女性设计师往往得不到她们应得的赞同。该如何去认识和对待女性设计师的她们，如何理解她们的作品是一个很大的问题，同时面临着十分严峻的行业环境。我发现，艺术和平面设计学院里的学生大部分是女生，但令人费解的是那些被指派为教师或处于学科高层地位的人大部分却是男性。很多行业都是以男性为主导力量，而长久以来，人们一直把艺术看成是一个以男性为尊的领域。许多出色的设计师、彩妆师、高层领导都是男性，首先值得肯定的是他们的天才造诣，但是不平衡的眼光也使许多女性设计师无法崭露头角。从某种层面上讲，设计除了精确地测量计算外，在插画和海报、包装、装帧等平面领域是比较感性的，而女性恰恰是最感性的群体，所以希望社会可以给予公平的待遇，让更多优秀的女性设计师也可以发挥一技之长。

真正满足核心需求的产品，应该由理解社会与自然环境的真正创造者来设计。如果可以将设计局限性反其道而行之，那么中国设计一定可以更加精彩。

三、设计限制性因素举例——空间展示设计的限制性因素

展示设计的主要目的是展现展品、向观众传递展示信息，是在既定的时间或空间内，通过对环境空间的规划与塑造，借助色彩、材质、道具、色彩音效和灯光照明、控制渲染等艺术语言和途径，将展示内容及宣传信息呈现在观众面前，让观众参与其中并产生互动，力求使观众有效地接受信息，最终达到展示的预期效果。展示设计注重人与展示内容、人与环境之间的沟通，可以说，空间展示主要研究"人、环境、展品"之间的关系，不同的展品有着不同的特点，所针对的目标人群也不同，而且展示还会受到展示的场地、时间长短等因素的影响与限制。

（一）受众

展示活动进行信息传播的对象是观众，观众的参与，是展示空间设计区别于其他室内设计的重要特点之一。观众能通过展示活动了解展品的信息，还可以亲身体验展品的使用，同时展示方能够得到观者对展品的反馈信息，产生信息的交流和互动。观众不仅是展示活动的参与者，同时还是信息传播的受众者。

1. 不同展示内容所针对的人群不同。不同的展示内容所针对的人群有所差别，设计师必须将展示的主题与内容，转化为能够被目标人群所感知到的物质实体。这就要求我们去了解所针对人群的特点，分析该类人群的年龄特征、地域文化背景、兴趣爱好、生活习惯以及消费需求等因素，尽量去满足所针对人群的需求。利用展示的各种元素，诸如色彩、图形、形象符号、道具、灯光等，将信息与展示内容传达给受众。

2. 根据针对人群展开设计。展示设计的首要问题就是受众群体的定位，所针对的人群是女性或男性、青年人、中老年群体还是儿童，如何吸引目标群体，让他们产生共鸣就显得很重要。比如，儿童玩具的展示设计，其主要的目标人群是儿童，但儿童不可能独自参展，往往是由长辈带领儿童一起参展，因此，儿童玩具的展示设计，在吸引儿童的同时，还要能引起家长的认同和共鸣。

在现在很多的玩具展中，为方便儿童观看和参与，有根据儿童尺寸而设计的展架、展台、座椅、扶手等。在色彩、图文导向以及道具设计上，也更加关注儿童的心理特点与心理感受，充分考虑他们对信息的接收能力。儿童更容易被鲜亮的色彩、图形和动态的物体所吸引，要充分利用这些设计要素而展开设计。儿童所处的年龄阶段对文字说明、流行符号等信息的接触及理解程度还不够，展示空间的图形符号、导向识别的信息传达，要简单易懂。一些注重操作性与参与性的玩具，其使用的说明标识要易懂，保证儿童能简便地参与到展示活动中。为更好地引导其参与，借助色彩识别或者趣味性的图案是很好的视觉导向方法，如通道中的视觉引导，可以在地、墙面设计连续的图形或方向性的符号，展示各区域按字母结合红黄蓝等彩色，在划分区域的同时，让他们准确容易地找到想去的位置，保证了儿童的参展安全，也便于儿童记忆，又增强了展示的印象。

家长陪同儿童一起观展，儿童玩具的展示也要考虑到这一点，在满足儿童的同时，还有注重大人的心理需求。儿童是玩具的主要使用群体，但他们并不具备独自参观或购买的能力，如何让展示在很好的诠释展品的同时，又产生促销效果，吸引家长的关注和认同也非常关键。让家长看到孩子在使用展品时，能对孩子的成长起到正面的帮助和良好的作用，从而产生购买的欲望。因此，考虑家长与儿童共同参与展示活动的行为，是很重要的一个环节。儿童的操作平台旁，要设置家长的位置以助于辅助儿童更好地与产品互动，同时产生陪同与监管效果，也调动了家长的主动性，让他们与儿童共同与展品互动，又唤起他们对童年的回忆。可以考虑亲子的观念，利用一些辅助的道具比如宣传形象与礼品等的设计，让儿童与家长在参展中产生良性互动的同时，也让展示的信息传递效果得到提高。关于展示的参与人群在参展中更细微的需求，还需要我们去继续发现和思考。

（二）展示物

展示设计中的物即展品，是指展示活动中向观众传达各种展示信息以及展示内容的物质载体，它可以是各类展示实体或商品本身，也可以是仿制模型，或有象征意义的形态或影像。展示内容的有效传递，是空间展示的任务和最终目的。展示物作为展示活动的依托和基础，应该是可以被观众感知的，而且应该具备所展示内容的典型性和公开性。

1. 展品的不同特性。不同的展示活动，其展示内容也各不相同，不同的展示物具有各自不同的性能、用途、尺寸、材质、色彩和形态等，以及群组组合或品牌关系，还包括一些特殊商品是否会过期、变质或褪色等特性。不同展品有不同的展示要求，应利用产品的特色和个性特征进行创意性设计。展示的道具、尺寸、灯光、色彩、展示方式，要符合展品特点。比如文物的展示，主要考虑展品的保护，人们参展主要以瞻仰与观赏为主，因此需要封闭性的展柜或展台，灯光的使用与照度的选择，也要在保护展品的同时能满足人观看的需求；又如美术馆中尺寸较大的绘画作品，需要依据人体工程学中提供的观看尺寸与比例，给观者留出足够的观看距离与空间；再例如数码类的小体量产品，需要借助一定高度的展台来满足人的观看与操作需求，此类展品更加注重人的参与，注重对产品的亲自操作与体验，往往呈开放性的空间陈设布置。

2. 根据展品特性进行设计。以葡萄酒为例，分析展品特性对展示的特殊要求：葡萄酒收藏现在已成为一种投资，成为人们对葡萄酒文化交流的一种方式。葡萄酒展示的储藏温度、湿度、光线、振动等环境因素都在很大程度上影响着酒的品质：红酒的保存温度为恒温 13℃左右；湿度在 60%～70%；主要作用于软木塞，酒瓶横放或瓶口略向上倾斜；由于紫外线会加速酒氧化而对酒造成损害，因此要避光保存。葡萄酒的变化是一个缓慢的过程，振动让酒加速成熟而变得粗糙，所以要放到远离振动的地方，且不宜经常搬动。要根据红酒的特殊展示要求进行展示环境设计，如藏酒区温度控制在一定范围，展架展具的尺度和设计要符合红酒的储藏要求。红色砖墙、木质酒架、古朴的色调，与红酒文化及内涵结合，营造出自然放松、典雅的空间气氛，再配备一定的交流空间，以享用美酒，让人们从身心上得到享受和体验，得到情感与文化上的交流。

（三）时间

展示活动具有一定的时效性，多数的展览会受到一定的时间限制，即会在一定的时间段开展。展示时间的选择和确定，受主办方的展示需求、观众人群的特点、展品保存时间长短、经费预算等客观条件的限制。而时间的因素，在一定程度上又决定着展示设计的主题或风格。

1. 长期性展示。博物馆类的设计，一般都以长期性的收藏展示为主，其展示内容有一定的权威性，展品以收藏历史文物为主，同时还具有一定的文化教育功能，其设计要能够保证展品的安全。历史博物馆对展品展出的次序要求较高，在空间的规划上要有分明的时序性，展示的整体设计上要求具有严谨的逻辑性和连续性。

2. 短期性展示。展览会包括各种临时的展销会或博览会，有较强的时效性和灵活性，比如展示内容、形式、规模、时间等。在有限的时间内，要给参观者留下强烈的印象，往往会利用强烈的视觉与形式感，如色彩、灯光的渲染，来创造生动、活跃的氛围，从而达到其展示目的。在空间规划上要考虑观者的广泛参与，布局自由随意，给观众舒适、轻松的感受。规划出洽谈、交流的空间，让人们通过参与展示活动，更好地了解展品或信息。节庆类的短期展示设计更是如此，要充分利用人们所熟悉的节庆符号或典型的图案，让观者产生共鸣来增强展示的效果。

（四）空间场地

展示场地，是进行展示活动的物质基础和空间环境，主要用以展品陈列以及各种展示活动的进行。展示空间既包含展示的内部空间，也包含展示外围空间。空间展示设计受到其所处的地理位置、周边环境以及空间本身的构造特点等因素的限制与影响。

1. 地理位置与周边环境。展示空间可分为展览馆、博物馆、商业店面等类型。展示场所的地理位置，包括地域环境、人文自然及其观赏距离和周围环境。展示所处的环境如果比较空旷且能保证人的远观距离，就可结合所处环境的地域特色，通过其空间的外观设计，来吸引远处的人群。而临街的商业店面，往往要考虑其周围环境和相邻店面的情况，通过视觉形态的对比或协调，利用各种元素，如品牌形象、橱窗展示等，来突出店面形象，成为能够在短时间内吸引路人注视，并让人产生兴趣的视觉焦点。

2.空间特点。展示场所的空间特点包括面积尺寸、形状、采光、水电、通风等条件，墙、地、顶面空间界面条件。展示设计主要围绕"人、物、环境"三者展开，展示空间要能够传递给观者展示内容和信息，满足观者广泛的参与和体验的基本需求。空间规划要能够有效地突出展品，同时也是对观众的参观动线进行规划，把这两点结合起来考虑，才能对展示空间进行合理有效地规划，让有限的空间得到充分合理的利用。

在展示空间的总体规划中要考虑到，首先，展示空间设计要使观众在流动中，完整、简便地介入展示活动，不走或尽量少走重复路线。动线要求要有明确的顺序性、短而便捷、灵活性。展柜、道具的多种布局方式也会形成不同的流线。其次，空间的功能布局上，要考虑展示活动各功能及其相互关系，使其满足空间展示的功能需求，合理有序的功能布局，会令观众更舒适、高效地完成参展活动。

综合考虑场馆的基本形态、功能需要、时序以及物品特性，这些因素的不同，让展示环境呈现出多元化的空间特征。

在空间展示设计中，人群的不同定位、展示物的多样化与展出的时序、展出的时间、场馆的基本形态等展示要素，构筑成一个统一的空间展示环境，也呈现出了空间展示形态的多元化。将这些限定性的因素协调地体现在同一空间中，其最终目标是要将展示内容与信息更准确、更高效地传达给观众，达到展示设计的最终目的。

第五节　形态创造基本方法

设计的本质是按照美的规律为人造物。产品设计作为造物活动中的一种，是具有独特艺术性的。美好的事物总会受到人们的喜爱，尽管美并不是评判事物的唯一标准，但是就设计的成果来说，产品中包含美的因素却可以成为评判其优劣程度的一个重要标准。任何一个产品形态的本身都是能够表现与传达各种功能的综合系统，是设计者创造性思维的集中体现，也是产品具有实用功能和审美体验的具体再现。就当今的市场形势来看，随着科学技术的不断发展，一项产品的成功与否并不仅仅局限于技术方面，关键是要看产品的形态与设计，只有让产品与消费者或使用者产生情感上的共鸣，才算得上是一件真正成功的产品。因此，在对产品的整个设计过程中，我们的设计者一定要能运用相关的美学原则与方法对产品进行形态的设计，并在此过程中注入自己的思想与情感。只有这样，我们的使用者才能通过形态来选择产品，从而获得产品真正的使用价值。那么，这种美学评价在具体的产品设计中是如何形成一定标准来指导我们的设计的，这的确是一个值得我们深思的问题。

一、产品形态

（一）概念

形态学最早起源于生物学之中。而在工业设计领域，随着产品设计理论与实践的不断发展，产品形态被具体划分为产品之形和产品之态。它主要是指通过设计与制造来满足消费者的相关需求，从而将最终的产品状况呈现在顾客面前的一种形态。

（二）产品之形

我们所说的产品之形主要指的是产品的形状，其包括产品的整个外观轮廓和内部轮廓，是由具体的轮廓所呈现的形式。产品的外部轮廓主要是指人们视觉可以把握到的边界线，而产品的内部轮廓则是指产品内部的具体结构。这种产品之形是空间状态与艺术的完美结合，是相对于空间而存在的，它对每个主体都会产生不同的心理影响，包括人们对客观事物的整个审美与评价。

举个最简单的例子，在市场上我们经常会看到各种包装的巧克力，有些品牌厂家还会将巧克力从外包装到其自身都进行创新型的设计，于是就有了心形、长方形、水滴形、圆形等各种形状、各种样式的巧克力，这能让使用者拥有不同的心理情绪和情感，也只有这样才能让产品的形体完成对使用者的服务性意义。

（三）产品之态

所谓的产品之态是指产品给人的整体感觉，它包括产品的外观和神态，其实际上是基于产品之形而客观存在的。一般来说，产品之态有两种含义：一是指用于具体产品设计中的材质和色彩元素等，二是指产品本身的形体呈现给人的客观状态。我们知道，不同的形体带给人的感觉也是不一样的。我们拿生活中最常见的材料来举例，木材和石头它们两者因为其材质和构成元素的不同，因此体现出来的感觉也是不一样的，木材体现出来的是一种自然与温馨，而石头传达给使用者的却是一种古朴与神秘。因此，两者适用的领域也就不尽相同。虽然这种形态元素在具体的产品设计中只起到辅助作用，但它对于产品的设计美学却起着重要的影响。一个产品如果拥有良好的形态，那么它就能使得产品的美学因素得到充分体现，在提高审美价值的同时，也能创造经济上的附加值。

（四）产品之形与产品之态的辩证关系

产品之形与产品之态是相互联系、相互作用的整体，两者相辅相成，不可分割，它们存在一种辩证统一的关系。对于产品设计来说，产品的形态设计是由产品的功能所决定的，其中形是态的表现载体，而态是形体设计的结果，形与态两者在一定条件下可以相互转化，它们统一于产品形态之中，共同为产品的功能服务创造出更合理的使用方法与使用价值。

二、产品形态设计的方法

（一）仿生设计

在产品形态设计中仿生设计是一种常用的方法，它是将自然界所有事物的具体形态归纳概括出抽象的形态，然后用于相关的产品形态设计。这样一方面可以使设计者开阔思路，另一方面也可以使设计者设计出具有亲和力的产品，从而传达出一种回归自然、返璞归真的感觉。我们使用仿生设计可以更容易地体现出产品的语意关系，这在具体的灯饰、工艺产品和儿童用品设计领域应用得十分广泛。

（二）灵感启发

我们不管进行什么创作，灵感都是十分重要的创作基础。在产品的形态设计中，灵感上的启发能使设计师在进行设计创作的时候结合周围的实际情况，充分发挥想象，这样创作出来的产品才能丰富多彩。而设计灵感的产生是通过对某种事物或现象的联想得到的，这种现象都是客观存在的，人们对其已经有了认识，所以我们由灵感创造出来的产品形态也就具有了对产品语意的传达功能。

（三）产品形态的美学设计

对于产品的设计是和以往的机械设计不同的，我们不能只考虑到产品自身的结构与功能，还要充分考虑到与其相关的美学要素，例如：色彩、结构、人机关系等。只有让产品设计既满足其物质功能，还满足其潜在的精神功能，才能通过产品本身与使用者进行深入的交流与沟通，从而达到生理满足与心理满足的完美统一。

三、设计美学

（一）概念

在产品的设计领域，我们所说的设计美学是指根据现实的审美需求，以设计领域中的相关内容为主要对象，从而研究设计的审美范畴和人的审美意识及其发展规律的科学。我们对设计的美与丑不能仅限于对其本身的含义理解，而是要将其引起的诸多要素之间的关系进行统一与协调。通常来说，设计美学可分为以下几个方面：

1. 设计产品的美学。

设计产品的美学具体来说包括设计产品美的性质，美的类型与风格以及产品相关的文化意蕴，通过这种多样性的设计，我们可以充分体现产品的形式美和创造美，从而提升设计美的境界。

2. 设计过程的美学。

在设计的整个过程中如果想要包涵美学的思想，那么就要求设计师在产品的整个开发、生产过程中，必须体现自己的修养、审美观念、创新思维以及审美趣味，将科学技术和市场信息充分融入产品的设计和制作过程中。

3. 产品消费的美学。

众所周知，产品设计的最终目的是要将理想化的产品推向市场，从而满足不同的消费需求。一个产品想要站稳市场，就必须迎合产品的消费心理，因此在设计的过程中，设计师要以带动消费为目的，充分考虑到产品消费的个人心理、文化背景以及反馈信息等。

（二）设计美学的架构基础

设计美学的架构基础是由美国辛辛那提大学设计学院副院长 Craig M. Vogel（克拉格·瓦格）教授与该大学工程学院的 Jonathan Cagan（约翰·卡格）教授联合创立的，并在《创造突破性产品》这本书中对其形式定位图做出详细的阐述，显示了在相同领域不同产品中其技术和形式在坐标系中的详细定位。我们通过他们在坐标体系中所处的不同方位，就能够得出市场的定位以及相关的驱动因素。因此，只有技术含量高，形式状态好的产品才能从激烈的市场竞争中脱颖而出，站稳市场。在当今社会环境下，我们的消费者在购买产品的时候，不但对自身的境况十分了解，还会对产品的相关信息进行整理和归纳，他们所寻求的信息是丰富完整的，并且能够充分体现自身价值和素质的生活产品，这样一来，形式与技术就成了在产品设计中和对产品进行评价时不可或缺的条件。在具体的设计中，我们可以将其与设计的美学理念相融合，以此来作为衡量产品设计的综合指标及评价内容。

（三）设计美学的具体阐述

上文中我们已提到，设计的本质是按照美的规律为人类造物，而我们的产品设计却是在现代大工业的相关背景下充分结合美的规律进行的一种创新型的社会实践活动，它是技术与艺术形式的完美统一。所谓的设计美就是建立在技术发展与形式创新基础上的一种艺术性的造物活动，它带给人们强烈的情感体验。设计美学相关体系的建立，为产品在设计过程中探求新的技术与形式提供了具体的标准，使产品能充分表达感情与情境的诉求，在使用过程中也能让消费者得到情感的熏陶和生命的真实体验。

1. 技术美

产品的技术美是指产品在其核心功能方面具有很大的优势，这种优势不仅体现在产品的使用功能上，还体现在产品的材料和整个的加工工艺上。产品的技术美是侧重理性层面来进行考量的，虽然在当今社会，产品的技术与质量并不是对其唯一的评价标准，但它仍然占有突出的地位，我们把握好产品的技术美，才能让设计师在设计中进行理智的思考和推理。

2. 形式美

产品形式美的表现方式是多种多样的，而通常我们说的形式美是指产品的相关属性、颜色、形状、线条以及声音等所呈现出来的审美特性。例如，我们在购物的时候，看到一些有创意的产品，像小兔子造型的起夜灯，青花瓷的钥匙扣，还有像灭火器一样的打火机，这些产品在外形上都是很有特色的，其最终会因这样独特的形式美而占领市场。因此，我们将这种形式美定义为能够将美感与产品充分结合起来的艺术造型，其在视觉上和听觉上所呈现出来的相关特性是侧重于感性和灵感上的艺术思维。

3. 体验美

产品的体验美是指在产品的使用过程中所体现出来的和谐关系。其合理完善的使用功能，良好的外观质量和丰富的外观形态能够传达出相关的表情和情感，使产品在使用过程中给使用者带去一种美妙的情感体验。哲学家鲍姆嘉通在18世纪的时候首先提出了美学体验这个新名词，当时他将其定义为感官上的满足或者感觉上的愉悦，而艺术作品就是基于这个原因而产生的，这也是为了满足人们感官上的体验。我们这里所说的产品的体验美指的是产品本身在技术上以及形式美学规律方面的综合运用，是对消费者心理和生理情感的一种提升和挖掘。产品通过一系列具体的功能效用和产品安全性、舒适性以及形式美学规律等方面的探究，使人们产生生理和心理上的愉悦体验，从而达到某种认同，产生某种共鸣。目前，随着社会的不断变化与发展，人们对产品上的追求和期待也越来越高。消费者和使用者不仅仅追求产品的质量与服务，还追求感情与情境上的诉求。例如，市场上所销售的精油和护肤产品，其只有让使用者在使用过程中感受到身心的愉悦和放松，才能最终实现其生存和发展。

四、设计的原始形态

人之所以区别于动物的原因之一是"人是一棵会思考的芦苇"。人类通过原始设计扩大自己的力量，从而具有超越本能的能力，古人的智慧开创了人类的文明。原始设计对于使自然人进化为社会人所产生的作用是不可忽视的。

（一）设计是为人造物的艺术

"文化的出现将动物的人变为创造的人、组织的人、思想的人、说话的人以及计划的人。"马林诺夫斯基同样认为，"文化被界定为人工的、辅助的和自选的环境，它给予人类一种附加的控制力以制约某种自然力量"。也就是说，人类制造工具，如各种器物、舟车和建筑的创造，是为了使人们不再用手抓食、不再只限于陆地行走、不再居住在山洞中。在这一系列的建造发明中把人类变成了有创造力、有组织、有计划、会思考、能说话的社会人。

在这里，人既是设计产物的主体也是它的受体，即"造之于人，受之于人。"也可以说，设计是为人造物的艺术。马克思在《1844年经济学哲学手稿》中说："动物只按照它所属的物种的尺度和需要来造型，但人类能够按照任何物种的尺度来生产，而且能够到处适用内在的尺度到对象上去。"就人类自身的身体而言，在许多方面都不如动物高明。但人可以用灵巧的双手制造工具和武器，这些工具和武器很多都是效仿某种动物的特性制造出来的，如现在大家所熟知的雷达就是效仿蝙蝠，直升机效仿蜻蜓，这些新的发明用在人的身上，产生新的效果和用途。前提是这些造物是适用于人类本身的。

大自然给了人类无尽的宝藏，人类通过对自然的探索与了解，发现和创造了适用于人类本身的工具。在这创造的过程中就是设计的产生，即"设计是为人造物的艺术"。

（二）设计的装饰与功能性

原始社会的精神世界比现在要狭小得多，但却充满了神秘离奇的色彩。法国著名的人类学家社会学家列维·布留尔说："原始人用与我们相同的眼睛来看，但是用与我们不同的意识来感知。"那些古老巫术传说的建立，很好地说明了这一点。"原始人根据'相似的东西产生相似的东西'的原则，要做很多事情来精细地模拟他们所要寻求的结果。"在许多地方，各部落划分为许多图腾氏族，为了本氏族的共同幸福，每个氏族都有责任利用巫术仪式来增殖它的图腾生物。

《金枝》中有这样一段描述："为了增殖鸸鹋这种重要的食用鸟，鸸鹋图腾的男人们在地上描画出他们图腾的神圣图样，特别是他们最爱吃的鸸鹋的脂肪和蛋的图样。他们围坐在图画的四周唱歌，然后表演者们戴上头饰以装扮鸸鹋那长长的脖子和小小的脑袋，并模仿这种鸟呆立和无目的地环顾的样子。"

这样的模拟巫术也出现在法国南部的拉斯科岩洞和西班牙的阿尔塔米拉岩洞内。人们所知的最早的艺术家们绘制了令人惊叹的壁画，几乎所有壁画都呈现猎物奔跑、跳跃、咀嚼食物或在绝境中面对猎手时的神态。猎人们在狩猎前要举行模拟射死壁画上猎物的仪式，以确保这次狩猎成功。一旦他们赖以生存的某种动物数量大量减少，他们又将禁止捕获这种动物，这些动物将变成图腾被供奉起来。从这些方面来看，图腾的产生与原始人的生活是息息相关的，或为了使食物多产，或保护、供奉它们。这些图腾世代相传，被画在祭祀的器具上，变成了一种装饰。古代原始人面对图腾会产生威严、崇敬之感。在某种程度上，这种图腾装饰在当时是有一定的特殊功效的，这是他们祈求上天赐予丰裕食物的象征。虽然这种功能在我们现代人看来是可笑愚昧的，但这些图腾正反映了原始人对美好生活的向往。

每个时代，器具与装饰的实在功能和价值都不同，有些可能体现在使用价值上，有些则是反映在精神生活领域。原始人的祭祀用品拿到现代社会也没有什么实际作用，但在当时社会却被视为神圣的象征，是他们的精神寄托。这不仅跟我们的社会水平有关，也与人们的思想观念的转变有关。

古代工艺品的装饰，都是依附于现实的生产、生活而存在的，每个装饰纹样都有其内在的意义和价值，所以这个"功能性"包括实际的功能性和虚构的功能性。例如，在生产力不发达的原始社会里，人们靠祭拜神灵来保佑来年的风调雨顺，这样的"图腾"纹样装饰就属于虚构的功能性。至于实际功能性，如汉代的"长信宫灯"，造型优美，灯体内既有罩板能调节光照面，又考虑了吸烟设施以防止空气污染。它是一件生活用品，又是一件装饰品。

（三）设计是科学与艺术的结合

上文中提到的"长信宫灯"和"西班牙洞窟壁画"这两件艺术作品不仅是古代劳动人民智慧的结晶，同时也是科学与艺术的完美结合。

房龙曾经对西班牙洞窟壁画有这样一段描述："他们感到惊奇的是，这位马德里画家，究竟用的什么奇特的材料，取得了这样不寻常的色彩效果？山洞壁画的形象，是由刻入石内的线条组成的。表面又涂以一种不了解的红色，后来证明，那是氧化铁。这些颜料与油脂拌在一起，便可粘在洞壁上。"原始人其实在无意中已经运用了科学，这些绚丽的色彩不是凭空产生的，虽然当时的他们并不知晓。其中值得注意的还有刻入石内的线条用的是石工具，可见，旧石器晚期的石器制作已有了很大的进步。英国著名的历史学家汤因比（Amold J·Toynbee）把7万年前至4万年前的工具进步称为"技术革命"，并认为"它是技术史上划时代的革命，从那时起直到今天，各种工具的改进不断加快"。在原始社会这是一项重要的突破。

当下，各种工具充斥着我们的生活。我们怎样把美和审美规律用到组织整个社会生产和生活中去？用到科学、技术、生产工艺中去？李泽厚先生在《美学四讲》中说："如何使社会生活从形式理性、工具理性（Max Weder）的极度演化中脱身出来，使世界不成为机器人主宰、支配的世界，如何在工具本性之上生长出情感本体、心理本体，保存价值理性、田园牧歌和人间情味，这就是我所讲的'天人合一'。"各种工具和机器的制造就是为了方便人们生产生活，可是过分依赖某些机器，将会出现西方工业社会所出现的某些社会病态和身心病态。如果我们仍保持着原始人最初制造工具的生活态度，怀着探索发现的心情去创造和使用，使人成为这一切活动的主导者，其技术美才能得以实现。

五、多形态标志设计理念与方法

标志从远古的图腾符号发展到今天，成了视觉识别系统的核心要素，逐渐拥有了成熟的设计体系和多样化的设计风格，它用方寸之间的图形和文字语言不断传达着来自政治、经济、文化和教育等各方面的信息，在视觉传达设计中的地位非常之重要。随着时代的发展和互联网科技的进步，数字媒体在世界各地得到广泛的应用，无论是信息的传播方式还是阅读方式，都面临着巨大的挑战，标志着设计也在经历着一场渐进的变革，呈现出多元化的发展趋势。其中标志的多形态设计就是一种典型的发展方向，在注重人性化和系统化的设计理念下打破传统的标志设计方法，探索更多视觉传达的解决方案，我们称这一类标志为"多形态标志"。

（一）多形态标志概述

多形态标志，顾名思义就是具有多种形态的标志设计样式，它通过一系列的视觉符号来进行视觉的识别和信息的传达。目前，不断涌现的多形态标志备受关注，如谷歌和百度搜索引擎的标志，都会随着不同的季节、节日或者重大历史事件纪念日不断更换标志形态，多形态的标志设计不仅没有削弱它们标志的识别性，反而以其系列性和趣味性令人们赞不绝口。多形态标志打破了传统标志的设计思维，作为当下出现的一种新的设计趋势，具有传统标志形式无法比拟的优势：延展性、适应性和灵活性，不但丰富了标志设计形式，也为受众提供了一种新的视觉感受。

（二）多形态标志设计理念探析

1. 人性化理念

标志设计经历了现代主义到后现代主义的变迁，发生了深刻的变化。现代主义时期的标志设计尽管以其高度的几何化和功能性在标志设计历史上扮演着重要的角色，然而时代的不断发展进步也表明了这种理性化、非人格化的设计风格的局限性。设计理论家约翰·萨卡拉曾经指出现代主义在20世纪70年代所遭遇的问题，那就是用同样的设计方式和方法应对不同的设计要求，因而忽视了个人的心理需求和审美价值，引起了广泛的不满。大众对于设计的要求已经不是仅仅停留在其功能的层面上，而是对其尊重和满足人们的情感需求和精神追求提出了更高的期待，因此人性化的设计理念逐渐成为21世纪设计的主题，多形态的标志设计方法就是传统标志设计在人性化理念下不断探索的结果。

美国现任总统奥巴马在竞选中应用的多形态标志及完整的视觉形象系统，独具特色，其竞选标志是一个太阳在美国国旗的红色条纹中冉冉升起的图案，针对不同地区、不同族群和持不同政见的选民们，标志都经过了相应的特别的订制，形成了一系列多形态的标志。比如在面对环保主义者时，标志被设计成黄色日光下的绿色田野；在面对孩子时，标志又变成了轻松的涂鸦样式，等等。最后，奥巴马竞选总统的视觉形象以一系列不同的标志形态和人性化的设计理念取得了社会各种年龄段、各种族群和各种类型选民的一致好感和认同，为竞选的成功打下了广泛、坚实的基础。

2.系统化理念

系统化设计的创意、管理应注重整体的关系，如果只关注单一项目的设计是不能使系统识别达到完善的。系统化设计理念包含两方面考虑，一方面是严格的统一性，倾向于这种方式的人认为这样做可以使系统中各个细小部分合力塑造强大完整的统一视觉形象，这也是现代大多数企业建立规范的视觉形象系统所遵循的首要原则；另一方面则是追求在系统的构成中进行更多的创意与变化以适应新时代的审美要求。多形态标志就是在系统化理念与方法指导下，在设计方法与视觉形态上表现出系统的多样性存在，将系统的共性与子系统的个性充分结合，用丰富的设计样式和灵活的设计方法，体现了新时代标志设计的个性化、多样化的发展趋势。

（三）多形态标志设计方法探析

1.造型多形态

（1）拆分重组

拆分重组是对构成标志的元素进行拆分或者重组而形成各个不同形态的标志设计方法。拆分式的标志比较适合具有从属关系的组织，子公司的标志为总公司标志的一个元素或者一个局部，视觉上就已经体现了组织机构的关系设置。如俄罗斯铝产业的领先制造商 ALUTECH 集团的标志，拆分式的标志设计强调了该品牌旗帜下的四个不同领域的产品。重组式的设计方法则是标志构成元素不变，而组合方式为适应不同场合、版式灵活多变。如深圳城市促进会的标志，它是由四个基本图形——三角形、长方形、正方形、圆形经设计而成，灵感来源于积木和公章，变化多样的组合方式体现了该机构"为设计而存在、为设计而服务"的宗旨。

（2）风格整合

风格整合式的多形态标志在个体的设计元素上差异较大，注重整体视觉能量的守恒和视觉风格的统一。如柬埔寨国家旅游形象的标志设计，将多处旅游景点融入标志之中，图形多样但视觉氛围统一，不但充分体现了柬埔寨的国家风格，而且对各个景点的不同特色又起到了强调和突出的作用。

（3）局部差异

局部差异的设计方法是基于统一的形态下，对标志的局部进行一系列的差异化设计。标志整体视觉上的共性与局部设计上的个性相统一，有较强的识别性和适应性。美国全国广播公司（NBC）晨间新闻和脱口秀节目《今天》（Today）的标志是由 3 个半圆组成日出的形象，它会随着不同资讯版块的报道而变化，整体标志风格统一，子版块的设计又各具特色。

（4）互动参与

注重设计与受众之间的互动性和参与度，不但是时代发展的需要，也是设计更好地为人服务的必要条件，标志设计亦然。互动参与式的多形态标志设计方法，就是使人参与到设计之中来，个体之间的差异化最终造就标志形态的千差万别。这一类标志的设计较为有趣和新颖，常为一些创意性机构的自身品牌发展所青睐，以英格兰北部的道德公关公司 Koan 为例，设计师亚当·里克斯为该公司设计了一款具有很强开放性的标志，公司的所有员工都可以按照自己的理解和喜好在标志上画出自己的想法，创造出属于自己的品牌形象并印在各自的名片上，标志最终呈现出一系列个性化的形态。

（5）随机生成

计算机的普及应用为标志设计带来了技术实现上的更多可能性，随机生成的设计方法就是借助数字媒体的新技术来完成的。如博洛尼亚城市的标志形象设计，设计师以 26 个英文字母为元素，赋予它们各自不同的几何图案，代表着博洛尼亚城市独特的地理位置、风景、建筑等。当通过一个词组进行组合时，就会诞生一个丰富多彩的抽象图案叠加的标志符号，用一种全新的时代语言诠释这座历史文化古城，并且每一个博洛尼亚人都可以通过专门的城市标志生成的平台，来制作自己专属的名片标志。

2.色彩多形态

（1）图像置入

图像置入式的多形态标志设计方法就是将各种不同的图像背景置入统一的标志母体造型中，以取得丰富多变的视觉效果。这种方法对于信息的传达显得更加直观和灵活，同时也增强了标志的适应性和延展性，使用过程中能够根据不同的场合和时间来变化填充的图片以适应各种需要。如丹麦皇家图书情报学院的标志设计，标志母体是按照斐波那契数列的特性构成为一个回旋的造型，可以自由置入各种艺术、科学和数学的图像，灵活的标志形象运用呼应了该学院"我们创建连接"的品牌核心理念。

（2）色彩多变

色彩多变式的多形态标志是单纯地从标志"标准色"的角度来讲，它是将统一的标志原型结合不同的色彩组合设计而成，不同的色彩能够代表不同的品牌个性，体现不同的情绪、季节、偏好、方向甚至是民族和国家，带给人不同的心理感受和更精彩的视觉体验，同时也能够更全方位的体现企业或品牌的文化特质。世界著名设计师原研哉为花样年控股集团有限公司打造的全新品牌形象充分的展现了色彩多变的多形态标志设计的魅力，他用每组三种不同的色彩渐变对花样年集团旗下的多元化的各项事业进行了标志设计，体现了花样年极具活力和创意的企业特色。

多形态标志是标志在不断地适应时代进步、受众需求和市场发展过程中自我完善的结果，是标志设计理念的更新和设计方法的拓展，它改变了我们曾经固守的传统标志的设计观念，为未来的标志设计指引了一种创新思维的模式和探索精神，成为标志设计发展的重要趋势。

第四章　企业产品实例解析

第一节　产品生命周期

在当今市场竞争日益激烈的条件下，各企业为了使自己产品的市场占有率及各方面的品质处于领先位置，都竭尽全力地开发新产品，不断地更新技术、改进生产流程、加强组织管理并快速的处理市场信息以使产品的开发周期大大缩短。这样做能够使企业在新产品市场竞争中占有先机与优势，但也可能会缩短已投入市场的产品的生命周期，从而使企业的利益受到损失。产品生命周期是企业和市场经营中至关重要的课题，在进行产品开发设计时，必须充分考虑产品生命周期。

每个产品都有其生产使用的生命周期，随着企业间竞争的激烈，企业研究能力的加强，信息加快，研究组织的强化、科学技术的迅速发展，新产品出现的速度将大大加快，产品的换代周期越来越短。因此，企业除了必须努力开发新产品并加快其商品化进程，还必须努力防止企业的停滞不前和产品的夭折。

一、产品生命周期的定义

产品和人一样也具有一个生命周期。任何一个产品从其销售量和实践的增长变化来看，从开发生产到形成市场直至衰退停产都遵循一定的规律性，一般把一个产品从投放市场开始到退出市场（废弃）为止，整个过程称作产品生命周期或产品周期。这个生命周期的长短是由产品与销售、利润的关系来决定的。

二、产品生命周期阶段的划分

产品的生命周期一般分为：产品开发期、产品市场导入期、产品成长期

（成长前期、成长后期）、产品成熟期和产品衰退期几个阶段。这一过程的时间长短与其自身的品质、企业对于产品设计开发的投入效果、产品市场环境、社会环境等多方面的因素有关。

三、产品生命周期各阶段的特征

（一）开发期（投入期）

这一时期的消费市场还没有开拓，在对消费者的需求有明确认识的前提下，企业的决策层要对产品设计开发计划、开发方案等各项提案作出迅速的反应，并从财力上给予大力支持，缩短产品开发的时间。这一时期可以大致分为 5 个阶段：

1. 构思阶段（收集整理构思阶段）。
2. 评价阶段（即评价构思，研究和开发课题阶段）。
3. 研究阶段（进行技术可行性论证阶段）。
4. 开发阶段（进行生产可行性论证阶段）。
5. 商品化生产阶段（进行市场测试，界定商品出售并做好销售准备阶段）。

（二）市场导入期（上市期）

这一时期也称为市场开拓期、市场开发期或上市期等。由于产品尚未被市场认识，因而产量、销量均小，企业开工率底，产品成本高，价格高，投资大，常出现赤字，即使有利润也很低。因此，为使消费者加快对产品的认识，并使新产品市场迅速成长，就要在促销手法和资金的投入上有较大的力度。但在培育新产品市场时需要注意到消费者的购买特征，如消费者的收入及消费者的好奇心等。

（三）成长前期（市场承认期）

在市场逐渐开拓后，由于产品得到认可，需求量急增，开工率高，这时要很好地研究扩大生产规模等问题（如原材料、设备、资金等）以适应市场需要。这时期成本降低利润很快上升，广告费用也相对减少。这一时期也可以说是产品的黄金时期，但由于市场日益看好，其他厂家势必要投入竞争，生产设备、原材料可能成为影响成本及利润的因素。

（四）成长后期（竞争期）

产品的市场成长到后期，大量生产上了轨道，成本和价格大幅度下降，每个产品的利益这时也达到顶峰；企业经营的好，研发费用、设备投资及初期的投入在这个时期基本能够得到补偿并获得利润。但是，由于有更多的企业生产同类产品，市场竞争日趋激烈，企业为了促销费用又重新增加，利润开始下降。因此，企业在产品的功能及品质差异、价格对策、工艺改良等方面作为改进设计的重点，提高其竞争优势。这可能会使产品的消费者扩延及产品消费特征发生一定变化。

（五）成熟期（市场饱和期）

这一时期产品市场不断成熟并达到饱和状态，竞争激烈，产品价格下降，利润也随之下降。产品市场的饱和，也使得买卖方的市场逐渐发生变化，买方市场的消费者对于产品的性能、样式、价格等方面的强烈关注，也使得企业必须在产品的设计上下功夫，如降低生产成本、增加设计款式、改进产品的工艺水平，使产品更精致，生产和销售更趋合理，并不断进行产品的更新、改良及用途的开发等。

（六）衰退期（消失期）

这是由于替代商品的出现和消费者生活习惯的变化等原因，需求逐渐减退。企业开工率低，利润越来越少，广告宣传及各种促销活动几乎无效果，市场占有率急速下降，赤字接踵而至。市场的变化是使产品衰退的重要因素，企业对于这一点要有非常明确的预测。产品已进入衰退期，企业如果没有新的产品推向市场的话，将会陷入困境。企业在广告宣传、生产投入等方面有计划地减少，把资金逐渐转移到新产品开发上来。同时采取一定的措施将其衰退的时间尽可能延长。这一时期产品的消费点主要在低收入层，此时研究其消费特征变得较为重要。

第二节　企业产品设计开发策略

面对日益激烈的市场竞争，企业的产品设计开发必须有针对性开展，或是针对市场的，或是针对技术的，或者二者并行。在确定产品设计开发项目时，企业必须认证分析产品的生命周期，以采用适当的策略来应对市场状况和消费者需求变化。

一、企业产品设计开发的内容

企业产品设计开发的目的除了满足人们的需求之外，更主要的是为了企业的成长发展，为了适应激烈的竞争，为了市场的变化等，简单地说是为了赢利，因此企业在指定产品设计开发课题时通常将市场前景作为评判的前提，而产品设计开发的内容也就不需要与市场需求相一致。

企业产品设计开发的内容主要有以下几方面：

（一）开拓新市场——全新的产品设计开发

这是制定位于全新的市场，开发前所未有的产品，如根据技术发明开发的产品，具有意外性、新奇性，与本企业以往系列产品不同的产品，与其他企业共同协作的产品，由新技术开发诞生的产品等。

（二）拓展市场——产品新用途开发

这是指在原有市场的基础上，扩大产品的应用范围和领域，使产品用途扩展到更广泛的应用领域，如将企业中的物品家用化，工业用物品用于医疗等；或者将不同产品践行功能组合，以扩大产品的用途。

（三）细分市场——现有产品的改良设计

这是指对市场和技术都趋于成熟的产品进行品质、性能、样式等方面的改良，使产品多样化，来满足不同人群的需求，从而使得原有市场细分化，对企业而言，这是一条投资少、见效快、风险小的最好路径。同时，也是中小企业或科技实力较薄弱的企业生存发展的有效途径。我国80%的企业为中小企业，自治研发能力相对薄弱，因此进行原创性产品开发设计更是寥寥无几。

二、企业产品设计开发的注意因素

产品设计开发过程中要注意以下几点。

（一）要以市场为导向，通过市场调查和预测，细分市场，按目标市场需求定向开发产品。

（二）要加强技术储备、科技投入、智力开发和产品开发中心建设。

（三）要重视新材料、新工艺、新技术和基础元器件的开发。

（四）要搞好技术引进与转让。

（五）制定鼓励政策。

三、企业产品设计开发的具体策略

企业进行产品设计开发项目，采用的策略主要包括以下几个方面。

（一）战略性的策略

企业产品设计开发的战略性策略，指站在企业整体利益和品牌形象的层面来制定系统性的产品设计开发计划，企业内所有产品门类、产品项目及产品系列的研发应相互协调、彼此相顾。针对产品生命周期的不同阶段，产品设计开发项目内容也应适当调整、彼此相顾。其战略性策略主要包括：产品设计管理策略、产品层级策略、品牌竞争策略、产品研发策略、产品评价策略。

（二）战术性策略

所谓战术是指战时运用军队达到战略目标的手段，即作战部署和克敌制胜的谋略。企业产品设计开发的战术性策略，也就是指企业应对具体的市场竞争，而采取的具体应对措施和方法，为了降低成本、提高效率而进行的提高产品质量、提高设备技术性能的技术开发；为了满足不同客户群的需求而对目标产品进行的花色、型号、性能等方面的改良设计等。其战术性策略主要包括：产品差别化策略、价格策略、产品营销策略等。

（三）战备性的策略

战备就是指为战争所做的准备，即战前的准备工作。而对企业产品设计开发来讲，战备性的策略也就是为了企业长期的、稳定的发展而进行的基础性的研发设计计划。研发内容通常包括：1.作为当今课题的科学技术研究（针对本企业产品生产的相关内容）；2.在将来具有重要价值的科学技术的超前研究（针对相关领域内的技术研究）；3.为了发明或创造新产品而进行的研究。其战备性策略主要包括：产品概念设计策略、技术储备策略、市场前景评估策略等。

参考文献

[1]胡飞，杨瑞.设计符号与产品语意[M].北京：中国建筑工业出版社，2003.

[2]张凌浩.产品的语意[M].北京：中国建筑工业出版社，2005.

[3]巫建，王宏飞.产品形态与工业设计形态观的塑造[A].武汉：第十届全国工业设计学术年会，2005.

[4]陆绢.市场营销研究[M].南京：南京大学出版社，2004.

[5]尹定邦.设计学概论[M].长沙：湖南科学技术出版社，2005.

[6]凌继尧，徐恒醇.艺术设计学[M].上海：上海人民出版社，2004.

[7]吴世经，曾国安.国际市场营销学[M].北京：中国人民大学出版社，2002.

[8]袁涛.我国工业设计的现状、教育与展望[J].北京：装饰，1997.

[9]熊玉平，金国斌.工业设计的内涵与思维方式[J].重庆：包装工程，2002.

[10]宗霞，郭嘉颖.苏北地区高校大类培养模式下产品设计专业建设优化设置研究[J].杭州：艺术科技，2013.

[11]戴端.产品设计方法学[M].北京：中国轻工业出版社，2005.

[12]郑建启，李翔.设计方法学[M].北京：华大学出版社，2006.

[13]沈祝华，米海妹.设计过程与方法[M].济南：山东美术出版社，1995.

[14]张展，王虹.产品设计[M].上海：上海人民美术出版社，2006.

[15]杨建华.产品技术创新计[M].长沙：中南大学出版社，2006.

[16]原研哉.设计中的设计[M].朱鄂译.南宁：广西师范大学出版社，2010.

[17]陈军.对废旧材料潜力的再发掘——以"芬兰国际2012生态设计特别展"为例[J].北京：装饰，2013.

[18]王昆.论中国生态设计的新发展[J].美术教育研究，2012.

[19]卢世主.产品设计方法[M].南京：江苏美术出版社，2007.

[20]邬烈炎.产品设计材料与工艺[M].合肥工业大学出版社，2009.

[21]钱安明，李东.工业产品造型设计[M].合肥工业大学出版社，2009.

[22]王明旨.产品设计[M].杭州：中国美术学院出版社，1999.

[23]吴翔.产品系统设计[M].北京：中国轻工业出版社，2000.